"十四五"普通高等教育本科部委级规划教材

服装面料创意设计

袁 斐 主 编

刘 晨 副主编

中国纺织出版社有限公司

内 容 提 要

本书为"十四五"普通高等教育本科部委级规划教材。书中主要包括服装面料创意设计的概述、原则、灵感来源、表现技法、具体应用，并结合大量的国内外服装面料创意设计经典作品案例分析，图文并茂地展现了具体的面料创意设计过程和创意技法；在讲解服装面料创意设计实训的过程中，本书为广大读者提供了多方面的设计思路与灵感来源，便于读者举一反三地学习和实践。

本书可供服装设计、纺织产品设计等相关专业师生以及行业从业人员参考学习，也可供时尚爱好者学习使用。

图书在版编目（CIP）数据

服装面料创意设计／袁斐主编；刘晨副主编 . -- 北京：中国纺织出版社有限公司，2022.10
"十四五"普通高等教育本科部委级规划教材
ISBN 978-7-5180-2558-9

Ⅰ. ①服… Ⅱ. ①袁… ②刘… Ⅲ. ①服装面料—服装设计—高等学校—教材 Ⅳ. ① TS941.41

中国版本图书馆 CIP 数据核字（2022）第 117085 号

责任编辑：孙成成　　责任校对：王花妮　　责任印制：王艳丽

中国纺织出版社有限公司出版发行
地址：北京市朝阳区百子湾东里 A407 号楼　邮政编码：100124
销售电话：010—67004422　传真：010—87155801
http://www.c-textilep.com
中国纺织出版社天猫旗舰店
官方微博 http://weibo.com/2119887771
北京通天印刷有限责任公司印刷　各地新华书店经销
2022 年 10 月第 1 版第 1 次印刷
开本：787×1092　1/16　印张：8.5
字数：135 千字　定价：59.80 元

前言
preface

　　面料创意设计是服装设计中不可或缺的一部分，也是现代服装设计创新的重要方式。面料创意设计的整个过程即统筹运用后的独特创新。

　　笔者是在2006年开始教授服装面料再造本科课程的，2014年在意大利访学时更加深刻体会到了可穿性面料艺术的魅力。服装面料创意设计不仅是对面料进行艺术的再次创新，从而使之呈现出新的艺术效果，更是艺术、传统、科技、时尚、功能等众多因素的综合体现。它需要设计师思想的延伸，运用现代造型观念和设计意图对所要表达的主题进行深入的构思，在整个构思的过程中要注重设计美感以及当下的流行元素。面料的创意设计不仅可以为服装设计带来新鲜的血液，整个构思过程也可以培养设计者的综合运用能力以及创新能力。于是，笔者在教学中不断地探索、不断地尝试。

　　本书的编写基于面料创意设计的概念以及原则和方法，通过大量的教学实践以及案例分析来满足教学需求。希望本书能为服装设计专业以及纺织产品设计专业的学生带来一些思路。同时，设计是一门不断变化发展的学科，书中的不足之处望各位同仁给予批评和建议。

　　本书第二章内容由张岚编写，第四章内容由薛向毅编写，在此表示感谢！

笔者

2022年1月

目录
contents

第一章

服装面料
创意设计概述

　　服装设计是一门综合艺术，体现了材质、款式、色彩、结构和制作工艺等多方面结合的整体美。从设计的角度来讲，款式、色彩、面料是服装设计过程中必须考虑的重要因素，被称为服装设计的三大构成要素。无论时尚的风云如何变化，服装设计的三要素永恒不变。服装设计是实用性和艺术性相结合的一种艺术形式，是解决人们穿着生活体系中诸多问题的且富有创造性的计划及创作行为。面料与服装设计相互影响、相互渗透，服装的款式通过面料来表现美好的视觉效果，因此我们说面料是服装设计的前提和基础。近年来，随着服装文化的发展与社会经济、科技发展的同步，服装的新理念、新思想、新面料、新技术层出不穷，使人应接不暇。现代服装的概念，已不仅是色彩图案的合理搭配、款式的美观新颖，而是更加讲究面料的材质、性能、特殊功用，以及面料与服装的匹配度等。面料对服装的影响越来越重要。

　　我们所讲的服装面料创意设计不是简单地运用工艺手段改变面料的外观，更重要的是运用现代造型观念和设计意图对主题进行深化构思。在此过程中要注意市场的流行动态，以市场接受为原则，讲究形式美感（即再次设计中对重复、韵律、节奏、平衡、特异、体积感、运动感、对比和协调等规律的运用）。服装面料创意设计是设计师思想的延伸，具有无可比拟的创新性，会给消费者带来新的、愉悦的视觉感受。

第一节
服装面料创意设计的概念与发展背景 ————

一、服装面料创意设计的概念

服装面料创意设计，指使用各种方式对基本面料进行改造，使基本面料无论在质感方面还是在肌理方面都发生质的变化，结合面料的空间、色彩等因素，使面料的外貌有所改观，进而在视觉上给人以震撼的效果，即为服装面料再次创意设计，也被命名为"面料二次设计"等。作为世界服装设计潮流的代表，改造面料是实现服装设计理念的一种核心方式。服装面料创意设计能改善面料及服装的艺术效果，结合服装款式特色及风格，使用新的设计工艺及思路，使当前服装面料的外观有所改变，改善其艺术效果，提升其品质，即为服装面料艺术效果的再次设计，这种设计模式能将面料的潜在美感充分发挥出来。在服装设计中，服装面料再次设计是其核心构成，其核心在于应结合服装特点进行面料再次设计。在了解面料的特点和性能的同时，服装面料再次设计还应为其功能性等特点提供有力保障，结合服装设计多样化的工艺方法、要素，将装饰底蕴、审美观感、个体艺术性特色突显出来。服装面料的再次创意设计使服装面料固有的形态随之改变，并加强了其在艺术创造中的地位，不但在面料上将服装的设计思想展现出来，而且通过面料的形态，为服装带来良好的视觉冲击效果。通过服装面料将其设计风格反映出来，是服装设计取得成果的关键评估元素，服装面料的选择方式会对服装设计工作的开展带来极大影响。在服装面料创意设计中，应注意以下要素，如面料的舒适度、颜色、风格等，这些要素均不可或缺。

二、服装面料创意设计的发展背景

1. 现有纺织产品的局限性

服装面料是服装设计的三大基本要素之一，是服装存在的物质条件。在极力提倡"原创设计"概念的今天，服装的艺术设计要能够体现丰富的思想内涵，独特而具有艺术品质的面料是不可缺少的创作材料。然而，现在国内服用面料企业的生产大部分是以中低端实用型产品为目标和导向的，多数没有专门的设计开发部门。即便有，其纺织品设计人员也多为织造、染整的专业背景，对服装营销领域、服装艺术设计与面料生产的互动关系等方面的知识略显不足，因而在面料的创新性方面欠佳，无法充分体现设计师的设计思想，不能满足服装设计的需要。要达到面料的结构功能与艺术设计的结合，服装材料的开发设计要有服装设计师的参与，以便对面料进行创意设计。

2. 设计重点的转变

工业化和机械化的社会，每天都生产着大量的千篇一律的服装产品。人们不甘于自我形象被淹没、失去个性，开始想办法展示自己的个性魅力，如自己动手改变服装、对服装局部进行装饰改造等，这逐渐成为人们的一种时尚行为。为了迎合上述人群的心态，服装设计师开始把设计关注重点从服装造型转向服装的材料与装饰。

3. 国内外时装趋势

国内外时装发布及大型时装比赛永远是时尚媒体关注的焦点。从国内外时装发布与大型服装比赛的趋势中，我们可以发现曾经时装的设计重点是落在服装的造型、裁剪和整体的风格搭配上，近年来，设计师们逐渐将时装的设计重点转移到服装面料的再造设计上，通过材料与整体制作工艺的完美结合来体现设计的主题和灵感。这种服装设计的趋势对于年轻设计师设计思维的启发和引导，起着风向标式的示范作用，同时也对追求时尚潮流的消费者的欣赏和购买行为起到了潜移默化的作用。这种逐渐为大众接受的市场状况反过来又助推了时装天桥上面料创意设计的趋势。

第二节
服装面料创意设计的发展趋势 ————————

一、走向雕塑感

对一些平面的材质进行处理，如用折叠、编织、收缩、褶皱、堆积和褶裥等手法，形成凹与凸的肌理对比，给人强烈的触摸感，把不同的纤维材质通过编织或钩织等手段构成韵律的层次空间，展现出变化无穷的立体肌理效果，使平面的材质形成浮雕的立体感。

　　具备功能性的羽绒充棉将日常生活与雕塑艺术建立联系，赋予新的形态，在羽绒上绗缝创造出新的变化。在日常生活中，各种元素被灵活运用，仿照立体雕塑形态制作的充棉图案可大面积运用或是局部装饰在服装上，这是一种将固有功能融合新美学的创意表现形式，绗棉不单有保暖的功能，其蓬松的体积感也让服装的意义更生动、立体起来（图1-1、图1-2）。

二、组合式的破坏美学

　　在超现实主义和立体主义的影响下，图案工艺追求破裂、解构、重新组合的形式，分离的美感，多元材质的碰撞，丰富了图案的层次感（图1-3）。

图1-1　填充雕塑感

图1-2　绗缝雕塑感

图1-3　组合式的表达

三、环保理念下的变废为宝

　　秉承可持续、环保的理念，突破常规惯用的服装辅料，用超前美学进行资源重组；采用玻璃绳、金属质感等未来派辅料，以另类色彩与怪诞搭配呈现在服装中（图1-4）。

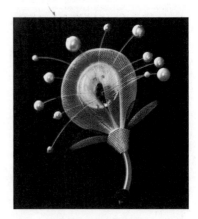
图1-4　环保可回收的创意设计

　　褪去浮华的时尚领域逐步回归曾经"正常"的样子，消费者逐渐从对奢侈品牌的迷恋和快时尚的负担中解脱出来，消费观念的转变让百搭款和高级基础款的关注度有所提升，在基础款型上的叠加与修复设计响应了可回收的环保理念。

四、传统结构外的边缘美化

　　材质、形态各异的边缘装饰可以勾勒出服装形态，为整体造型增添高级感与趣味性。人们在追求易于搭配的基础款的同时也希望通过创意来彰显自我表达，这使得边缘装饰开始兴起，褶皱、绳线、刺绣、编织花边等多样化的表达形式在服装造型边缘中的应用赋予了经典板型以别样的风格体现（图1-5）。

图1-5　边缘化装饰的表达

五、视觉模糊

　　从手工艺印染、刺绣等逐渐拓展到使用大机器印染、计算机织机、计算机喷绘、数码印花等科技手段，服装面料创意设计和科技的进步与发展息息相关。高科技成果为之提供了必要的条件和手段，很多新型的材料都具有较高的科技含量。

　　褪色的文明、破旧的痕迹以及不稳定的扭曲犹如渐渐消失的某段回忆，运用科技手段进行模糊视觉处理，虽然视觉效果模糊却有着最为深邃、永恒的印记。比起昙花一现的盛况，模糊似乎更值得细细品味，更具有永恒感（图1-6）。在工艺制作上，可以选择非特定图案来延长流行周期（图1-7）。

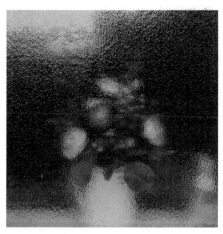

图1-6　视觉模糊

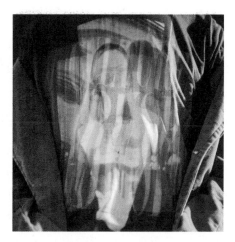

图1-7　视觉模糊处理在服装中的表达

服装面料创意设计对服装设计教学的重要意义

一、开拓学生的设计思路

很多年来服装设计都是在有限的材料中进行的，设计思想受到面料材质的束缚，从而无法彰显设计个性。现在服装材料已突破了保暖、遮体、装饰的基本功能，而追求触觉风格、视觉风格与功能化设计。面料生产商也在不断提高面料的品质，提高面料的舒适性、透气性、防水性等，使面料的使用性能不断得以提升。面料创意设计则是视觉创新的突破口，它所产生的新材料、新效果，有利于开拓想象力、启发思维，在设计过程中萌发新的想法、新的创意。

二、提高服装设计教学作品的审美价值

虽然人们对于服装最根本的要求是实用，但通过服装展现自身的品位和审美也越来越受到消费者的重视。服装的审美价值不仅需要通过服装的廓型和结构来表达，也要通过服用面料的美感来体现。只有合理的面料创意设计和造型，服装与设计融为一体，才能使着装者从精神上获得享受，并表达出自己的个性风格和审美喜好。特别是在个性化消费日趋明显的今天，面料创意设计创新将是纺织、服装行业可持续发展的前提，也为服装设计在面料方面的发展和创新提供了更多可能。

三、增强服装设计教学作品的原创性

对于创新最基本、最直接的诠释就是设计的原创性。然而，经常可以看到同学们在设计时借鉴某些大师的作品，甚至在同一门课的作业中常会出现"撞衫"的情况。从这些现象中不难看出，缺乏原创性的设计不仅对服装设计专业的学生来说是一场灾难，对设计师创造能力的发挥更是巨大的限制。因此，当服装设计中款式、材料和色彩上存在一定局限性的时候，注重面料的创意设计和造型成为当下设计师常用的设计手法和途径。服装设计中的面料创意设计和造型从深层次来说，它不仅

是一种设计方法上的创新，也是设计师根据自身对材料、结构、工艺等因素的感受和个人见解，结合服装流行趋势而自主进行产品研发能力的提升。经过面料创新设计，可以改变面料的视觉效果和触觉效果，为服装带来崭新的外观面貌。

　　面料创意设计迎合了时代的需要，很好地体现了目前的技术水平和审美水平以及人们对未来设计趋势的思考。同时，服装设计中的细节作为展现设计个性的载体和造型设计的物化形式，在一定程度上也对服装的设计和工艺发展起到促进作用，这无疑也是我国当前服装设计教学的重点所在。

第二章

服装面料
创意设计的原则

服装面料创意设计的设计程序 ——————

服装面料创意设计的设计程序通常分为构思和表达。构思就是设计者在设计之前头脑中对设计对象的思考、酝酿和规划的过程。表达则是设计师通过构成技巧，将构思中孕育的艺术形象转化为服装面料的物化过程。

一、服装面料创意设计的构思

服装面料创意设计的构思，包括如何选用面料、如何组织构图、如何塑造和表现艺术效果，也包括对着装对象、使用功能、使用场合、工艺制作等多方面问题的潜心思考。只有在确定了明晰的、合乎要求的设计意向之后，才能在整个面料艺术再造的过程中做到心中有数。一般来讲，构思要经过三个阶段：观察、想象和灵感。

灵感构思：从一切可听、可见、可闻的世间万物中收集素材、获取灵感并进行提炼、加工、升华的创作思维方式。

1. 自然景物

花鸟鱼虫、飞禽走兽、湖光山色、绿树丛林、风和日丽、电闪雷鸣等大自然的事物、景观都是我们灵感的来源（图2-1）。

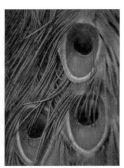

图2-1 来源于自然景物的灵感

2. 日常生活

在日常生活中，我们要善于观察、研究和积累，如绘画的意境、音乐的旋律、舞蹈的刚柔、雕塑的立体、文学的境界、摄影的技艺、建筑的气势，这些都是我们创作的源泉（图2-2）。

图2-2 来源于日常生活的灵感

3. 民族文化

中国传统民族文化的历史渊源，少数民族的地域特点、风土人情、服饰风格等都是我们取之不尽、用之不竭的素材源泉。

二、服装面料创意设计的表达

服装面料创意设计的表达，包括方案表达和实物制作。方案表达是通过画设计图的方式（通常包括草图和效果图）将设计意图表达在纸上，它是设计者将设计构思变成现实的第一步，根据需要还附有文字说明。实物制作是设计者根据自己的设计方案，运用实物材料进行试探性的制作。服装面料创意设计的实物制作包括对面料的制作和对整体服装的制作。前者用来表达设计者的主要设计思想，而后者可以很好地展现面料创意设计运用在服装上的整体艺术效果。通常需要在不同面料小样之间进行反复对比，最终得到令人满意的服装面料创意再造。在进行服装面料创意设计的过程中，这两种实物制作形式都可以采用，可以根据需要进行选择，前者更多的是只能表现局部，而后者则是个比较庞大的"工程"。一般来说，服装面料创意设计的制作思路有以下两种。

1. 先确立想法，再选择相应的面料

这种方法是从所要设计的服装风格、穿着场合、穿着对象等因素着手去选择相应的服装面料创意的设计方法，之后再根据服装面料创意的表达和实现手法，考虑所要设计的服装是什么风格的，需用什么样观感的面料来表现，从而选择最适合的面料。这就要求服装设计者应掌握大量的"面料信息"，以便从中优选。

2. 由现有面料萌发设计灵感进行设计

这是一种反向的设计方法，设计思路是根据面料的服用性能和风格特征，积极运用发散思维，创造出新的服装面料艺术效果。面料有各自不同的风格（质地、图案、手感、光感等），对人的视觉、触觉、听觉、情感都有不同影响。越来越多的设计体现出面料与面料的冲突和融合，如高贵的皮革与轻盈的流苏、浪漫的蕾丝、炫目的珠片，加上镂空、拼接、撕切、喷绘等处理手法，以及刺绣、印花、镶嵌饰物等时尚流行因素，为皮革面料带来了丰富的艺术效果。这些新的视觉效果是对原有面料进行的新的诠释，有时甚至能在矛盾中得到统一。

因此，在设计时要考虑到面料的审美性和制造性，这些决定了面料的剪裁工艺。这种从局部到整体的构思方法，起初一般没有明确的设计主题，但往往可以激发设计师的创作灵感和想象力。通常这是一种"多对一"的关系，也就是说，从一种面料应该可以发散出许多不同的设计构思，从而实现一种服装面料艺术再造的多样化表现。无论以哪种设计思路为出发点，都要处理好服装和面料艺术再造的整体与局部关系，创造的成功与否还离不开设计者对服装面料的了解认识程度和运用的熟练性、巧妙性以及把握正确的设计原则。

第二节
服装面料创意设计的设计原则 ————————

　　服装面料创意设计是一个充满综合性思考的艺术创造过程。在这个过程中，首先应把握以下四点设计原则。

一、体现服装的功能性

　　体现服装的功能性是进行服装面料创意设计的最重要的设计原则。由于服装面料艺术再造从属于服装，因此无论进行怎样的服装面料创意设计，都要将服装本身的实用功能、穿着对象、适用环境、款式风格等因素考虑在其中，并在整个设计过程中都应以体现或强调服装的功能性为设计原则。

二、体现面料性能和工艺特点

　　服装面料创意设计必须根据面料本身及工艺特点实现艺术效果的可行性。各种面料和工艺制作都有特定的属性和特点。在进行服装面料艺术再造时，应尽量发挥面料和工艺手法的特长，展示出其最适合的艺术效果。拿镂空手法来说，由于面料的组织结构不同，所形成的边缘松散度各异，如在牛仔布和棉布上剪切的效果就不同。在皮革上镂空不存在松散现象，而在氨纶汗布上运用剪切则需要考虑其存在的方向性，方向不同，产生的效果差别很大。又如在丝绸上实施刺绣和在皮革上装饰铆钉，两者所运用的实现手法也不同。在服装面料艺术再造过程中受到面料性能和工艺特点的影响，因此在设计时需要以这些原则为设计前提，遵循这些设计原则，才能更好地实现自己的设计构思。

三、丰富面料表面艺术效果

　　服装面料创意设计更多的是在形式单一的现有面料上进行设计。例如，缎、绸等本身表面效果变化不大的面料，适合运用褶皱、剪切等方法得到立体效果。而对于本身已经有丰富效果的面料，则不一定要进行服装面料再设计，以免影响其原有的风格。

服装面料创意设计的三种艺术效果：

1. 视觉效果

视觉效果指人们用眼睛就可以看到的面料创意效果，强调图案纹样结合色彩在服装上的创新表现。例如：手绘、晕染、泼溅、纱洗等。

2. 触觉效果

触觉效果指人通过手或肌肤感觉到的面料创意效果，强调面料的立体效果。例如：抽褶、压褶、绗缝、珠绣、编织等。

3. 听觉效果

听觉效果指通过人的听觉系统感觉到的面料创意效果，强调在人体运动过程中面料与面料、面料与其他装饰物的摩擦产生的有声韵律。

四、实现服装的经济效益

服装面料创意设计对提高服装的附加值起着至关重要的作用，但也必须清晰地认识到市场的存在和服装的商品属性，以及经济成本和价格竞争对服装成品的影响。服装设计包括创意类服装和实用类服装两大类。创意类服饰，重在体现设计师的设计理念和艺术效果，因而要将服装面料艺术再造的最佳表现效果放在首位（包括对面料的选择），而将是否经济、实用，穿着是否舒适、方便等作为次要的考虑因素。但对实用类服装来说，价格成本不得不作为重要的因素进行考虑。进行面料创意设计时，不仅要考虑到如何迎合大众的审美趣味，还要考虑面料选择及面料创意设计的工业化实现手段，这些在很大程度上决定了服装的成本价格和服装经济效益的实现。

第三节
服装面料创意设计的美学法则 ——————————

一、服装面料创意设计的基本美学规律

服装面料创意与其他设计一样也必须遵循一定的美学法则。

1. 比例与分割

比例是构成任何艺术作品的尺度。在面料设计中很好地分配色彩面积、材质数量的比例关系，可以创作出丰富多彩的面料。

分割是将一个形划分成若干个相同或不同的形，从而产生新的视觉效果。通过分割线中横线、竖线、斜线及几种线条的综合运用可使原本平淡的面料立刻被赋予生命。

2. 对称与平衡

对称具有稳定的视觉感受，它使各部位处于安定的状态，具有稳重、庄严、理智、整齐、端庄、安静、条理的特点。

平衡是指在一个支点上，同量不同形的要素，保持相对均衡的状态。它是通过设计者自己配置和精心布局，使整体重心稳定而又富于变化，取得在心理和视觉上均衡的一种构成形式。所以，在面料再造过程中，通常用改变材料面积的大小、色彩的配置、质感的对比等手段，追求静中有动、动中有静的视觉感受。

3. 统一与变化

在艺术造型中，统一与变化是一对相辅相成的形式美法则。两个法则并置一处，经常应用于面料再造中。也就是说，在面料创意中如果只有统一没有变化，即没有形态、材质、色彩、肌理、明暗的变化，就会显得单调、平庸、乏味、呆板而缺乏创造力。如果只有变化而没有统一，即缺少使两者相互关联、相互衬托、相互呼应的起主导作用的因素，就会显得凌乱无序、杂乱无章。所以，在面料创意中必须运用好统一与变化的形式美法则，在统一中求变化，在变化中求统一。

4. 节奏与韵律

节奏与韵律的美来自音乐，是指具有时间形式的艺术。在艺术造型中，节奏是以点、线、面的规则或不规则的疏密变化、聚散关系，创造出形态的组合方式，即重复、层次、渐变、律动和自由等配置的节奏。而韵律则是比节奏更高一层的方法，它通过节奏的变化产生形式美感，更强调整体的和谐。因此，在面料创意中，材料的重复叠加、色彩的深浅变化、不同材质的运用、明暗的强弱对比等组合排列都能产生节奏与韵律的美感。

5. 对比与和谐

对比是事物之间的相互比较而产生的差异，也就是色彩、形态、材质等量及质相反，或者非常不同的要素排列在一起时，就形成了对比。而和谐并不仅是指有相同的因素，它是适度的、不矛盾的、不分离的、不排斥的、相对稳定的、有秩序的状态。所以，在面料创意中可以运用材质的厚薄对比、轻重对比、软硬对比、透与不透对比、光滑与粗糙对比，色彩的冷暖对比、明暗对比、新旧对比，形态的大小对比、长短对比、粗细对比、凹凸对比等方式，并使多样变化或构成强烈对比的各种因素趋于缓和，在外观上呈现和谐的艺术效果。

6. 强调与视错

强调是视觉习惯的追求，反映为一种心理的满足。在面料创意中要克服四平八稳、平分秋色的布局，要吸引视觉的注目，必须精心构思、合理安排，用装饰点缀、添加融合的表现手段以形成引人入胜的视觉中心。

视错是对形态的辨别与判断产生错觉。这在视觉上被称为视错，是正常的视觉心理现象。在面料创意中，材料的形态、质感、色彩等形式美要素的运用组合也会产生许多视错现象，如能巧妙地利用视错原理合理安排、调整、弥补材料的运用方式，则能更好地体现其特殊的视错效果。

二、面料创意设计中色彩的运用

1. 明度的对比运用

明度对比是由于色彩明暗程度的不同而形成的色彩对比。一般来说，高明度愉快、高贵、活泼、柔软，有辉煌之感；低明度朴素、内敛、丰富、迟钝，有寂寞之感。明度对比弱时光感弱、不明朗、模糊不清；明度对比强时则有生硬、空洞、缺乏层次之感。所以，在面料创意设计中，明度对比得恰如其分，是作品设计的基础和关键。

2. 色相的对比运用

色相对比是由于色彩相貌的不同而形成的色彩对比。不同的色相对比会呈现不同的视觉效果，同类色相对比时单纯、柔和，邻近色相对比时统一、和谐，对比色相对比时鲜明、强烈，互补色相对比时炫目、刺激。因此，在面料创意设计中，把握好色相对比的"尺"，就能更好地掌握作品设计的"度"。

3. 纯度的对比运用

纯度对比是由于色彩鲜明程度的不同而形成的色彩对比。纯度越高，色彩感便越艳丽、生动、活泼、引人注目。纯度逐渐由高变低时，色彩感便趋向柔和、含蓄、雅致，让人回味。所以，纯度的对比运用在面料创意设计中能起到很好的调节作用。

4. 色彩的对比运用

明度、色相、纯度是构成色彩的三个重要因素，虽各有侧重，却又相互联系、相互依存，密不可分地运用于面料创意设计之中。

三、面料创意设计中不同肌理的运用

材质的肌理效果在面料创意设计中表现为很强的视觉性与触觉性，即材质的厚重与轻薄、硬挺与柔软、光滑与粗糙、疏松与密实，不同材质的运用会带来不同的感受。例如，厚实、硬挺的材质会产生温暖、丰满、稳重之感，轻薄、柔软、光滑的材质会产生飘逸、典雅、华丽之感，而疏松、粗糙的材质则会产生朴实、粗犷的感觉。

1. 一种材质不同肌理的运用

在面料创意设计中，一种材质的运用会显得单调、贫乏，缺少对比和变化，这时可以采用一种材质多种肌理的组合搭配来丰富其视觉与触觉效果。

2. 多种材质不同肌理的运用

多种材质运用在面料创意设计中，会产生丰富的肌理对比及很强的视觉与触觉效果。但运用不当会主次不分、凌乱无序，反而容易破坏其整体感觉。

第四节
服装面料创意设计的构成原则 ——————————

一、点状构成

点是造型元素的最小单位，合理安排的点会使服装更具个性魅力。点能够起到画龙点睛的作用，在单调的大面积面料中，一个跳脱的点能够突出效果、引导视线。把点的特性应用到面料再造的过程中，可以在原有的材料上添加装饰性纽扣或小面积的刺绣、缝饰、文字等来突出重点、引人注目，也可以在领口、胸口、袖口、腰际等部位以纽扣、刺绣、钉饰来强调造型、平衡重心，还可以使用排列错落、大小有序的多点造型来创造节奏韵律美。

二、线状构成

线连接着点，贯穿着面，具有空间指向性和丰富的韵律感，线条的变化会带来服装风格的不同、造型的独特、情趣的变化、多样统一的和谐。服装的结构和造型的变化离不开线的连接、划分，可以说，任何服装款式的进化都是建立在对线的创造与理解上的。

在设计中使用大面积添加褶皱这种面料创意形式，就是理解了线条可以通过本身的变化、独有的表现力改变服装风格的特性。垂直的褶皱使人修长、潇洒，在着装者运动的过程中会产生动、静不同的轮廓线条和疏、密交替的整体效果，完美地实现多样统一的和谐韵味。一些以刺绣、抽丝、缝饰等手法直接在原有材料上再造出的装饰线效果，能为服装带来独特的情趣，如旗袍在领口、袖口、下摆添加的滚边装饰线，不仅美化了服装本身，而且使穿着者显得端庄、风雅。

三、面状构成

如果说点和线起到的只是点缀和修饰的作用，那么面就是最终服装主体的组成元素。面一般会按照服装的剪裁而划分成几大块，这些大块的材料按照一定比例重叠、组合、拼接，从而形成服装的轮廓造型。

我们可以在划分主体面的时候采用材料组合法，把相似或完全不同的材料，按照人体结构或剪裁逻辑组合在一起，也可以在大的轮廓面中，取肩线、袖口、领部、口袋、扣线等功能性区域通过添加、减少、缝饰、组合等面料再造方法做小面积的分割改造，这样不同材质、不同纹样、不同颜色的服装材料都能带给服装全新的着装状态和特殊的情境效果。

在服装设计中没有绝对的点、线、面之分，来回往复重叠在一起的饰带不应被看作是线，而是当作面来处理；贯穿上衣下裳的矩形面料，也不应该看作面，而是应当成线的属性。点、线、面的形态各有其造型特点，我们借助对它们的研究掌握了对服装形态的审美思维，树立了立体的造型概念，再把这些艺术修养应用到服装设计中和服装面料创意设计中，就能够创造出更美的面料效果和更成功的服装。

第三章

服装面料
创意设计的灵感来源

灵感来源可以是日常生活中肉眼所见到的某个具象物品或某个人，也可以是大脑中一闪而过的想法等。设计师在进行面料创意设计时，通常是先通过联想获得设计灵感，然后将自己想要表现的灵感表现在自己的设计作品中。而这种表达方式在具体作品上的呈现方式也是多种多样的，如通过色彩表达、通过面料肌理表达等。设计师对灵感来源的调研越深入，越能创造出优秀的设计作品。

再往深一个层次，设计师不只可以通过色彩、纹理这些视觉特征来表达事物的相似性与联系，还可以通过自己对灵感来源的深入理解，从灵感来源出发，加入自己的情绪、后期理解等，形成最终的设计思路，这就是我们常说的"灵感来源于生活，又高于生活"。

设计师基于灵感来源，进行调研、发散，直至最终作品的呈现，在这个过程中，灵感来源的获取显得尤为重要，它决定了最终作品的基调及核心概念，而我们该如何获取面料创意设计的灵感来源呢？

第一节
来源于自然界的灵感

从古至今，大自然作为人类赖以生存的环境，无疑是人类各种领域发展的最大灵感源泉。在漫长的生物进化以及历史更迭过程中，人类无时无刻不在学习大自然的特点，在不断学习适应的同时，也在不断进行模仿与创造。在自然界的优胜劣汰过程中，人类不断对自然界中具有利用价值的东西进行学习创造，如现代仿生学在各个领域中的广泛应用，荧光裳凤蝶的后翅在阳光下能呈现出不同的色彩，金黄、翠绿，甚至有时还会由紫变蓝，科学家通过对蝴蝶色彩的研究，为军事防御带来了极大的裨益。根据该原理，还生产出了迷彩服。再如我们发现苍蝇虽然令人讨厌，但是苍蝇的嗅觉极为灵敏，甚至能够接收到千米之外的气味，认真研究后发现嗅觉如此灵敏的苍蝇实际上并不像人类一样拥有鼻子，在其触角上分布着大量的嗅觉神经细胞，以此来接收分析不同的气体种类及强弱，科学家分析苍蝇的生理结构，制造出了气体分析仪。目前这种分析仪已经被广泛应用于航空和航海等领域，以便监测特定空间中的气体成分等。

自然界本身具有令人震撼的魅力，生活在其中的每种生物都是独特的，各种生物的生存条件以及生物特征也大不相同，这就给人类提供了广泛的思路。人类通过感官感受其的存在，一个物种呈现的色彩、发出的声音、触摸的质感以及在不同自然环境下的状态都可以带给设计师无穷的灵感来源。基于该灵感来源，设计者进行联想发散，再赋予自己的情绪，利用艺术创造的手法将其呈现在作品中，这就是一个完整的创作过程。

大自然中的任何个体、自然现象都有可能成为创作的灵感来源。一叶一花一树，一虫一鸟一兽，日出日落，潮涨潮汐等，都能成为设计者的初始灵感，在捕捉到最初的设计灵感后，设计者往往会围绕初始灵感进行发散联想思考，从而衍生出更加具有脉络体系的灵感源泉，并且可以附加更深层次的情感意义。这便是艺术作品的灵感雏形。

下面是由莉莉娅·胡迪科娃（Liliya Hudyakova）收集的灵感图片，并尝试将这些自然界的图片与服装设计大师的作品作为灵感结合。图3-1中作品的联想灵感来源于海天一线的落霞，以天空、海洋和晚霞中的蓝紫色为主题基调，加上傍晚的夕阳，用这个浓墨重彩的组合在服装作品上铺洒，色彩由深到浅、从上至下在面料上延伸蔓延，透出了大自然所具有的生命感和呼吸感。图3-2中的联想灵感则为水波涟漪，整体通过面料的创意设计进行二次加工、使其呈现出类似水波的质感，虽色彩浓重，但却因为独特的面料质感，给人带来整体

图3-1　艾利·萨博（Elie Saab）2014春夏与《日落》（Sunset）

图3-2 殷亦晴（Yiqing Yin）2012/2013秋冬与《海面》（Sea Surface）

轻盈的视觉体验。这便是以大自然景象为灵感来源而创造的作品所特有的呈现。

除了自然风光，动物和植物也常常被设计师们作为灵感来源运用在服装设计作品中。例如，芭芭拉·斐（Barbara Bui）2012秋冬高级成衣发布中的系列作品，作品上大多带有老虎形象，或印花或刺绣，将野兽的生动表达得淋漓尽致。图3-3中所示就是采用印花的方式将老虎的形象元素添加在服装作品上，整体色彩运用与老虎本身的色彩一致，惟妙惟肖，增加了神秘感，强化了服装性格。图3-4所示则是采用了刺绣的方式将老虎纹样绣在了面料上，这种设计手法比起印花给人的视觉冲击会更大，刺绣的肌理以及质感都是普通平面面料印花所达不到的。

除了在平面造型中融入动物元素之外，立体造型中对于动物元素的运用往往也能达到别样的效果。例如图3-5所示的拉尔夫&罗索（Ralph & Russo）在2015秋季时装秀中的作品，是以水母为灵感来源进行的立体剪裁造型，其利用物理质地较硬的纱质面料进行基础造型，在双肩处利用面料层叠立体造型，使其呈现出类似水母尾部的三维造型，同时在色彩设计上使用与水母本身色彩极为相似的颜色，兼具了形似与神似。这种设计视觉效果轻盈温柔，仿佛海洋中随水母游弋而摆动的尾巴一样，使得服装形象更加生机灵动。

在2012卡沃利年轻时尚版（Just Cavalli）秋冬系列中，设计师将豹纹、斑马纹等动物的相关元素加以设计，在面料色彩运用上也以大地色和高饱和度色彩为主，呈现原生态的大自然色彩，诠释了野性美与时尚的结合，展示了动物元素所特有的自然美和生态美。图3-6中使用了黑白豹纹元素，袖摆则使用了对比极强的翠绿色，多

图3-3 芭芭拉·斐2012秋冬虎纹印花　　图3-4 芭芭拉·斐2012秋冬虎纹刺绣　　图3-5 拉尔夫&罗索2015秋季时装秀中的作品

维度增加了服装的层次感，提升了服装的成熟美。图3-7中则大面积使用原生的豹纹元素，包括采用紧身的裤子板型，强调身体曲线，强化女性美。从中可见，这种对于自然动物元素的直接运用一般都会增强服装设计的女性气质，强调女性成熟美。

还有一个重要的灵感来源就是自然界中的植物。众所周知，迪奥最为经典的设计元素是花卉元素，这也造就了品牌标识和品牌文化以优雅为主要特性的基础，而这与克里斯汀·迪奥（Christian Dior）从小就迷恋花卉和园艺密不可分。克里斯汀·迪奥的母亲是一位园艺家，所以他从小就生活在这样的环境氛围中，导致他对花卉元素产生了浓厚的兴趣，同时也为他后来的设计提供了初始灵感来源，在一定程度上奠定了后来的品牌基调。时至今日，品牌设计师对于花卉元素的运用可以说是炉火纯青，可以用不同的花卉和不同形态的花卉表达不同的设计思路，或青春、或优雅、或华丽、或高贵，根据设计手法的不同，达到独特的艺术呈现。

迪奥表示"我从母亲那里继承了对鲜花的热爱，我尤其喜爱在植物和园丁的身畔徜徉"。通过童年时期家庭氛围的熏陶，再加上他善于将花卉元素运用在自己的设计中，同时融入自己对时尚的理解，造就了这一深受人们喜爱的品牌。而迪奥先生最为有名的花卉主题设计便是在1949年的春夏高级定制系列发布会上，他发布了一件亲手为最宠爱的妹妹所制作的全刺绣抹胸礼服。这件礼服的腰部系有绣花丝带，上面的玫瑰花朵与铃兰花精美细腻、栩栩如生，让人仿佛闻得到鲜花的香气，整件礼服美得如同一件用鲜花创造出的艺术品，一出世便折服了所有向往美的女生（图3-8）。于是，"迪奥小姐"（Miss Dior）由此诞生。

图3-6 卡沃利年轻时尚版2012秋冬黑白豹纹元素　图3-7 卡沃利年轻时尚版2012秋冬原生豹纹元素　图3-8 迪奥1949春夏高级定制"迪奥小姐"

来源于历史文化的灵感 ————————————————

除了从我们生活的自然界中获取灵感外，人类悠久的历史长河中形成的人类文明同样也可以为我们提供有深度的设计灵感来源，并且往往这种灵感元素都具有强烈的地域及时代色彩，是经过历史的变迁和人文的洗礼所传承下来的文明。

先说中华文化，中华文化上下五千年，不同的地区、不同的民族风情以及不同的社会形态都有属于自己的文明结晶。例如，盛唐的唐三彩、丝绸，宋代的书法、名画，元代的青花瓷器，明代的素三彩，清代的珐琅彩瓷、中国结、京剧脸谱、武术、剪纸等。再放眼世界，世界范围的文化遗产如英国王室珠宝、黑格的陨石等，都是经过时间的积淀和考验形成的文化遗产，往往能给设计者带来具有深度的灵感，引导其设计出具有深刻意义的艺术作品。这也恰恰就是设计者可以获得设计灵感的地方，以具有深厚历史沉淀的文化产物为灵感来源，加上后期调研，取其精华、去其糟粕，形成具有文化特色的设计作品。

一、中国传统"青花瓷"元素的运用

在华伦天奴（Valentino）的2013秋冬秀场上，设计师罗伯特·卡沃利（Roberto Cavalli）运用传统的中国青花瓷元素向世人呈现了中国传统元素与西方设计风格的完美结合。这个系列大面积使用青花瓷元素，再加上流畅的剪裁设计，将整个系列优雅、素净的基调展现得淋漓尽致。第一件作品为青花瓷修身西装套装，在整体套装上使用青花瓷元素，但是各部位花样的疏密程度以及排列方式各不相同，在单一的色彩中创造出服装的层次感，同时领口采用纯黑色，与青花瓷的色彩形成对比，增强视觉效果。第二件作品也是整体采用青花瓷元素，同时搭配裙摆处的褶皱设计，提升了整体服装的优雅感。第三件作品则大胆地将青花瓷元素和黑色蕾丝设计结合，这两种反差极大的设计元素同时出现在同一件作品中，反而给人一种很独特的视觉体验，打破了面料的单一性（图3-9）。

再如图3-10中迪奥2009春夏秀场的作品，都多多少少运用了青花瓷元素。图3-10左图中对于青花瓷元素的运用很是巧妙，设计师没有选择将大面积的青花瓷元素堆叠在面料上，而是在下裙摆内衬使用青花瓷元素勾边，再配合这件作品独特的前短后长的剪裁特征，恰如其分地将裙摆内衬的青花瓷元素"露"出来，随着腿部行走姿态的不同，展现出的图样也不同，让人更想窥其全貌，从而增加了服装作品整体的吸引力。这种设计手法也从设计角度体现了青花瓷元素的沉静内敛，奠定了整体作品的情感基调。图3-10右图中的作品也是在局部使用了青花瓷元素，不同的是，它在胸口、腰线、裙摆这些部位采用面料叠加的方法将其点缀在作品的局部。每个部位叠加的青花瓷图样虽然一样，但是面料叠加设计手法却大不相同。例如在领口处，设计师将带有青花瓷元素的面料堆叠缠绕，固定在胸口处，增加面料亮点的同时又强调了优美的身体曲线，正可谓一举两得；腰线处的运用，则是将带有青花瓷元素的面料进行褶皱缝制，上紧下松，贴合服装主题廓型，增强设计感；下摆处则是直接将带有青花瓷元素的面料平面拼接在裙子下摆处，打破了主题面料的单一性。根据这件作品，我们可以发现同样的设计灵感元素根据设计者后期设计手法的不同，也能使设计者的思路呈现出不同的氛围。

图3-9 华伦天奴2013秋冬系列　　　　图3-10 迪奥2009春夏秀场

二、中国传统"剪纸"元素的运用

中国剪纸是一种兴起于民间的艺术形式，这种独特的艺术形式已于2006年被列入国家级非物质文化遗产名录。最开始逢年过节时，人们喜欢将红色的纸张进行多次折叠，然后根据自己的需要进行裁剪，展开后即可得到对称的镂空形象，然后将其张贴在窗户、门、柱子上等，增强节日气氛。发展至今，创作者已经不再局限于对其色彩和材质的运用，随着时代的发展，设计者逐渐将这一独特的文化产物运用在服装创作过程中，创造出独特的设计作品。

在克雷格·格林（Craig Green）2020春夏秀场中，我们可以看到其对于剪纸元素的运用。在轻薄的面料上进行剪纸创造，利用夸张的色彩运用以及精美的剪纸设计，

图3-11 克雷格·格林2020春夏秀场

使部分皮肤通过剪纸的空隙裸露在空气中，表达出创作者心中人与自然的联系，增强了设计的呼吸感（图3-11）。

除了直接对面料进行二维剪纸创作外，通过将剪纸艺术和特殊面料再造手法的结合，还可以得到三维立体造型的剪纸元素，再将其运用到服装面料设计中，无疑在增加创作的可能性的同时也增加了服装整体的层次感。亨利克·维斯科夫（Henrik Vibskov）2014秋季中的设计作品，就是将剪纸艺术和高温压褶艺术结合在一起，形成具有空间感的独立元素，给剪纸元素创作提供了更开阔的思路，让设计师不再局限于平面创作（图3-12）。

在艾历克西斯·马毕（Alexis Mabille）2014高级定制秀场上，设计师另辟蹊径，将剪纸艺术运用在配饰上，配合服装的整体氛围，将大小形态不一的蝴蝶剪纸装饰在模特的头、肩、颈、背等部位。这些栩栩如生的蝴蝶大大增加了服装的灵动感和生命力，看上去这些蝴蝶就要随着模特行走的步伐扇动翅膀，缓缓起飞，将服装的氛围感提升到了高潮（图3-13）。

图3-12 亨利克·维斯科夫2014秋季　　　　　　图3-13 艾历克西斯·马毕2014高级定制

当然，能将我们中国传统艺术运用得非常得心应手的肯定还要数我们中国设计师了，基于对中国文化的耳濡目染加上自己独特的理解，往往能创作出令人惊艳的服装作品。兰玉（LANYU）高级定制2016秋冬系列的灵感来源就是中国传统的剪纸艺术，这场秀将剪纸艺术和蕾丝面料完美融合，呈现出具有视觉冲击的东方美。图3-14左图中的头纱为白色蕾丝面料，在其上点缀红色蝴蝶剪纸元素，与下摆色彩呼应的同时也打破了白色蕾丝的枯燥感，增强了生命力。对于剪纸元素的运用，设计师也别出心裁地在头顶处点缀了较为密集的叠加，而随着头纱的纵向延伸，蝴蝶元素也随之减少，这种疏密变化主导着观看者的视觉流向。它引导观看者根据设计者的设计思路，从上至下，由强到弱，首尾呼应，流连忘返。图3-14右图中对剪纸艺术运用的精妙之处在于通过剪纸元素和蕾丝的结合表达强弱渐变，从而增强服装的层次感，靠近腰线的上面直接采用了密集的叶子状蕾丝面料，随着服装线条的纵向发展，渐渐变成叶子状剪纸元素的点缀。同样，也是先密集点缀，继而慢慢减少该元素的运用，直至消失。这种设计手法可以说是巧夺天工，在一件服装作品上，可以让视觉受众直接体会到服装氛围的强弱渐变、层次交错，这是非常难得的。

三、中国传统"敦煌壁画"元素的运用

2019年盖娅传说春夏系列"画壁·一眼千年"秀场则是以敦煌壁画为灵感来源的系列作品（图3-15），设计师盖娅非常善于运用各种中国传统元素，并将其与服装设计完美地融为一体，图3-15左图是将敦煌壁画局部元素直接运用在服装上，同时服装整体造型也参考了敦煌壁画中神的形象，飘逸灵动。图3-15右图的灵感来源则为敦煌壁画中的飞天形象，更着重于刻画飘逸的丝带和饱和的色彩设计。在肩部通过缠绕具有物理支撑的面料塑造飘逸丝带的空间感，随着模特的步伐，上下晃动，透露出类似的呼吸感与神秘感。这种传统中国元素的运用，往往会自带一种历史的气息，如果设计者能将这种历史的积淀与现代时尚完美地结合在一起的话，那设计出来的服装作品肯定是不落俗套的。

图3-14　兰玉高级定制2016秋冬系列　　　　图3-15　2019年盖娅传说春夏系列

四、英伦风格服装设计

在这里不得不提英国的本土奢侈品牌巴宝莉了，这个品牌非常善于将英国传统风格融入品牌设计，自从1879年其创始人托马斯·巴宝莉（Thomas Burberry）研发出一种结实耐穿的面料华达呢（Gabardine）并将其应用在自己的设计作品中，从此打响了品牌的名号，也创造出经典的格纹元素以及巴宝莉经典风衣。它是从世界大战时期给英国军队制作的风衣经过改良得到的，承载着历史的积淀，也保留了很多战地元素，设计优雅大方，深受英国王室喜爱。另外，该品牌经典的格纹元素也是由苏格兰传统的格子裙演化而来，随着时间的流逝，逐渐成为承载品牌特色的一个元素，进而成为该品牌的标志元素之一（图3-16）。

图3-16 巴宝莉经典风衣和格纹元素

第三节

来源于生活环境的灵感 —————————————

除了用灵感发散的方法获得与灵感相似的作品雏形外，另一种比较有深度的灵感来源就是通过对社会文化、宗教信仰、民族观念等现象及问题的思考，形成灵感来源，反映现象，表达情绪。这类作品往往体现着设计师强烈的主观情绪及倾向，一般不仅停留在外形模仿的层面，多带有夸张、荒诞的设计色彩，以表达设计者对社会生活的反思。

时尚界奥斯卡纽约大都会艺术博物馆慈善舞会（Met Gala）2018年的主题——天体：时尚与天主教想象（Heavenly Bodies: Fashion and the Catholic Imagination），即围绕时尚和宗教艺术而展开。这次舞会联合纽约大都会艺术博物馆将服装作品和其馆藏艺术品共同呈现。例如图3-17中蕾哈娜（Rihanna）"神说的白色"主题造型。这件设计作品运用了大量的珠绣和宝石元素，用以表达设计者对于宗教的印象，整体作品雍容华贵、神秘性感、极具艺术性。高高的帽子，奢华的设计，以及繁复的面料设计都将宗教的神圣感表达得淋漓尽致。

设计师们钟爱将宗教文化融入自己的作品中，达到有深度的艺术氛围，被誉为设计鬼才的亚历山大·麦昆（Alexander McQueen）也不例外，如图3-18所示的作品是麦昆将《最后的审判》（*The Last Judgment*）中的一部分印在作品的下摆处。这

图3-17　蕾哈娜"神说的白色"造型

图3-18　亚历山大·麦昆1997秋冬系列

种带有宗教信息的元素运用，也表达了部分麦昆想要传达的设计情绪，搭配独特的剪裁手法，使作品脱颖而出。

在图3-19、图3-20中，华伦天奴的裙子灵感来源则是卢卡斯·克拉纳赫（Lucas Cranach）的画作《亚当和夏娃》（*Adam and Eve*）。将整个画作平铺在裙摆处，搭配华伦天奴工作室精湛的刺绣工艺，完成了这件将艺术和宗教完美结合的作品。整体作品采用纱质轻薄面料，在其上叠加立体花，将原画作的神态通过三维的造型呈现出来，将亚当、夏娃、蛇、禁果、伊甸园等元素都完整地呈现在作品中，整体层次感丰富，细节设计细腻，诠释了设计者对于这幅画作的理解。

日本顶尖服装设计师山本耀司（Yohji Yamamoto）的设计通常以廓型夸张和超越人们对于时尚的认知所为人称道，他的作品中往往体现着强烈的个人色彩。例如图3-21中的两件作品都采用了极大的廓型设计，并不强调身体曲线，这种独特的设计手法其实也源于山本耀司独特的生活经历。1944年山本耀司的父亲入伍并在战争过程

图3-19　华伦天奴2014春夏高级定制系列

图3-20　《亚当和夏娃》

图3-21 山本耀司作品

中战死他乡，之后，其母亲独自远赴美国学习了服装剪裁，回日本后开了一间裁缝铺，在这种独特的童年经历影响下，失望、悲观、愤怒以及自立等情绪在他的性格形成过程中起了决定性影响，从而表达在后续的服装设计作品中。他崇尚自由，所以在其服装设计中有着各种宽松的廓型与扭曲破洞的面料，借此表达对于自由的向往。山本耀司崇尚独立，他的服装通常看不出是男性设计还是女性设计，他想让人们摆脱性别的束缚，强调服装本身。由此不难看出，生活环境对于服装设计师的影响可谓是颇为深刻，往往能成为影响设计师一生的东西。

第四节
来源于其他艺术形式的灵感 ————————————

获取灵感来源的途径多种多样，不要局限于单一的渠道，这样很容易陷入艺术创作的死角，无法获得创新思路。除了前面说的从自然界、历史文化、社会生活现象等获取灵感来源外，还可以通过绘画、建筑、电影、音乐等其他艺术领域获得设计灵感。

一、绘画

皮特·科内利斯·蒙德里安（Piet Cornelies Mondrian）是荷兰风格派运动的代表人物，他的著名作品《红、黄、蓝的构成》运用红、黄、蓝三色以及几何线条图形等创造出抽象而又鲜明的史诗画作（图3-22）。通过蒙德里安画作获得灵感的作品不在少数，其中最为著名的是1965年伊夫·圣·罗兰（Yves Saint Laurent）设计的"蒙德里安裙"，通过将红、黄、蓝三色与几何元素的结合形成了新型抽象派作品。蒙德里安画作以平面构成为主，而在圣·罗兰的蒙德里安系列中也可以很直观地感受到。在对裙子的处理上，通过A字裙结构的硬朗表现，既不会过于严肃，又更加时髦、潇洒，增加了整个系列的简洁感和线条感（图3-23）。现今的时尚圈依然在以蒙德里安的画作为灵感的还有克里斯托弗·凯恩（Christopher Kane）2016春夏秀场、玛莉美歌（Marimekko）2014春夏秀场以及巴尔曼（Balmain）2015春夏秀场等。

此外，路易·威登（Louis Vuitton）2015春夏高级成衣系列与艺术家草间弥生（Yayoi Kusama）合作，从其画作《南瓜》中获取灵感（图3-24）。整体作品使用草间弥生画作的圆点元素进行设计，奇妙的构图，大胆的色彩，与充满想象力的图案肆意碰撞（图3-25）。

图3-22 蒙德里安《红、黄、蓝的构成》

图3-23 伊夫·圣·罗兰的蒙德里安裙

图3-24 草间弥生《南瓜》画作

图3-25 路易·威登2015春夏系列服装

二、建筑

将建筑作为设计灵感的案例中，最常见的就是提取建筑轮廓，将其运用在服装廓型描绘中，创造出独树一帜的服装设计。例如，将现代立体建筑的立体轮廓和几何线条进行提取，结合挺括的面料材质，塑造出立体的服装廓型。再如提取建筑的几何骨架结构，用其勾勒服装的线条形态，增加服装的工艺层次感。此类灵感来源的最终设计作品往往会比较天马行空，颇具艺术感（图3-26）。

除了提取建筑的外部廓型，将其运用在服装廓型之外，还有一种比较直接的设计方法就是直接将建筑图片印在服装上。例如，Guo Pei（郭培）2018秋冬高级定制系列，以"建筑"为主题，灵感源于巴

图3-26 德尔波佐（Delpozo）2016秋冬系列

黎建筑与遗产博物馆的建筑美学，并将其建筑设计成服装图案，通过印花工艺与刺绣工艺完美呈现，用充满韵律感的服装造型诠释"服装是行走的建筑"，提升服装的复古庄重感（图3-27）。

还有一类就是利用古典建筑作为设计灵感来源。例如，许多宫廷元素的运用。这类设计往往会比较注重工艺，同时也会具有历史的厚重感和宫廷特有的优雅与庄重。再如利用巴洛克、洛可可等建筑风格进行设计构思的，设计者往往会将巴洛克风格特有的笔画等运用到服装的印花上，这类服装往往视觉观感比较繁复夸张，色彩运用大胆，建筑细节元素的使用也会使服装的设计感倍增（图3-28）。

图3-27　郭培（Guo Pei）2018秋冬高级定制　　　图3-28　来自于古典建筑的灵感

三、其他艺术

除了上述艺术形式的灵感来源外，根据创作者个人经历的不同，偏主观情绪化的灵感来源也是设计者获得独特灵感的一大途径。例如个人感情经历、阅读过的书籍、观看过的影视作品、听过的音乐、欣赏过的文化遗迹、途经的风景、品尝过的美食等都会成为设计者的个人灵感来源，并且这种灵感往往是独特的，可以形成具有个人风格的设计作品。

众所周知，维维安·韦斯特伍德（Vivienne Westwood）是刘易斯·卡罗尔（Lewis Carroll）的著作《爱丽丝梦游仙境》的一名忠实粉丝，因此她在维维安·韦斯特伍德红标（Vivienne Westwood Red Label）2011秋冬时装周中，发表了自己以该书为灵感来源的秀。在这场秀中，大量运用了该书中的元素，如红皇后、白皇后等形象。通过对该书的解读加上自己对时尚的理解，维维安·韦斯特伍德将该书中的元素作为灵感来源，进行发散设计，将整个舞台变成自己脑海中的"仙境"（图3-29、图3-30）。

图3-29 维维安·韦斯特伍德《爱丽丝梦游仙境》茶会现场（图片来源：Google）

图3-30 维维安·韦斯特伍德红标2011秋冬系列（图片来源：Vogue Runway）

在2015年春夏维维安·韦斯特伍德金标（Vivienne Westwood Gold Label）系列中，经典的几何色块的小丑（Harlequin）图纹设计灵感来自17世纪推广至英国的意大利喜剧中的小丑形象，其荒诞诙谐的特色和《爱丽丝梦游仙境》中疯帽子的天马行空的形象相得益彰（图3-31）。

另外，还有从电影中获取灵感的场景，如奥图扎拉（Altuzarra）的2017春夏系列，其中的很多元素都是从美国电影《我心狂野》（*Wild at Heart*）中提取的灵感，如蛇纹、黑丝袜等，设计者将这些灵感加以创造，运用在自己的作品中，表达自己的想法与情绪，向经典电影作品致敬（图3-32）。

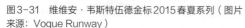

图3-31 维维安·韦斯特伍德金标2015春夏系列（图片来源：Vogue Runway）

图3-32 奥图扎拉2017春夏系列与电影《我心狂野》剧照

除此之外，从其他艺术手法中汲取灵感的例子还很多，如自从杰瑞米·斯科特（Jeremy Scott）执掌了莫斯奇诺（Moschino）品牌后，该品牌秀台上就出现了各种天马行空的主题。他善于将这些各种各样的主题作为灵感来源进行艺术创造。例如被视为经典的麦当劳系列和海绵宝宝系列，他在品牌的舞台上肆意地讲述着自己的情绪。后来的可口可乐系列、洁厕灵系列、墨镜系列、药丸系列都抢占了时尚界的话题，吸引了人们的眼球，尤其是2017年春夏的药丸系列更是广受人们的追捧。

第五节
来源于科学技术进步的灵感 ————————

随着现代科技的快速发展，新科技无疑是进行设计创新的最大化方式。新科技给予面料更多的可能，不再局限于其本身的物理特性，可以有选择地将其变成全新的呈现。现代人们对于服装的需求早已不是蔽体保暖，而将更多的主观需求附加在了对于服装的要求上，所以时尚与科技的结合势在必行，而且是未来服装设计的必然趋势。例如经典的"三宅一生褶"，正是利用机器的高温使得面料形成永久褶痕。另外，随着科学技术的发展，3D打印技术的应用领域逐渐拓宽，这种技术具有便捷、环保等特性。设计师利用相关软件可以实现复杂的面料设计，可以制作出传统制作工艺无法制作的复杂3D结构。

早在2015年，时尚教父卡尔·拉格斐（Karl Lagerfeld）就曾推出3D打印的香奈尔（Channel）套装，这种设计方式给设计者无限的可能，这才是时尚永不消逝的奥秘，那就是与时俱进（图3-33）。

图3-33 香奈儿3D打印套装

被称为"3D打印女王"的艾里斯·范·荷本（Iris Van Herpen），非常善于运用3D建模技术设计造型感丰富、廓型夸张的作品。如图3-34所示均为来源于艾里斯·范·荷本的2020春夏

图3-34

图3-34 艾里斯·范·荷本2020春夏高级定制系列

高级定制系列，作品表现出设计者对自然以及生命的思考，并将自己随灵感来源的思考通过3D打印这一科技手段传达给受众。3D打印技术强化了设计细节，复杂程度不受限制，大大缩短了高级定制服装的成本，而且设计的灵活性提高，精确度也得以保障。在某些细节的精确度上，3D打印技术达到了手工制作永远也达不到的精确度。

2020年路易·威登的早春系列，在经典的旅行包表面加入了OLED显示屏，上面展示了极具未来感的光线和图案，顿时提高了作品的未来感与科技感，这便是科技带给时尚的新可能（图3-35）。

说到科技带给时尚的影响，就不得不提及亚历山大·麦昆1999春夏系列秀场，在众人目光下诞生的这件作品便是利用了两台配有喷射装置的机械手臂不断地向模特身上的服装喷出黄色和白色的荧光油漆，使裙子上呈现出不可预料的效果，而这种时尚创意也是传统服装设计所达不到的（图3-36）。

著名的英国设计师侯赛因·卡拉扬（Hussein Chalayan），擅长将未来科技运用在服装设计中，他

图3-35 路易·威登2020早春系列

图3-36 亚历山大·麦昆1999春夏系列

超前的设计灵感往往来源于前沿科技成果，并将其运用在服装作品上，从而表达自己对未来的思考。在2000年春夏的"过去减去现在"（*Before Minus Now*）系列作品中，他使用现代遥控装置让服装面料排除自身的重力因素漂浮起来，搭配灯光的使用，呈现出极具未来感的设计作品（图3-37）。这种设计作品其实已经超越了面料设计本身，而是将服装设计作为载体，将自己对科技的研究以及对未来的思考融入其中，呈现出无与伦比的视觉盛宴。

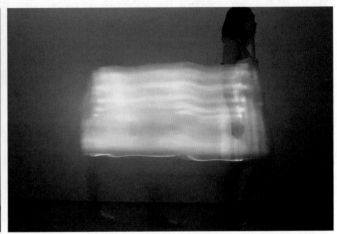

图3-37　侯赛因·卡拉扬2000年春夏的"过去减去现在"（*Before Minus Now*）系列作品

根据服装设计的具体实践，在前面已介绍了很多的设计灵感来源。需要强调的是，在服装创作过程中，我们不能局限于任何形式的感知，且不受任何东西的束缚，万物皆可作为设计的灵感来源。一件成熟的服装设计作品，往往是多种灵感来源互相碰撞形成的结合产物，主要是我们要突破思路的束缚，将自己想要表达的设计思路、设计情绪等通过这些设计灵感载体表现出来。

第四章

服装面料
创意设计的表现技法

服装面料的形态美感主要体现在材料的肌理上，肌理是通过触摸感觉给予的不同心理感受，如：软与硬、轻与重、粗糙与光滑等。肌理的视觉效果不仅能丰富面料的形态表情，而且具有动态的、创造性的表现主义的审美特点。因此，从服装面料的肌理运用和表现上，可以直接看到设计师的观念表达是否准确到位。面料创意设计不是简单地运用工艺手段，重要的是运用现代造型观念和设计意图对主题进行深化构思，在此过程中要注意市场的流行动态，以市场接受为原则，讲究形式美感设计中的重复、韵律、节奏、平衡、特异、体积感、运动感、对比和协调等规律的运用，给消费者带来愉悦的视觉感受。

常见的面料创意设计方法可归纳为：加法、减法、变形法、综合法。

加法设计

加法设计是服装面料创意设计中运用最广泛的一种手法，之所以称为加法，是因为它在创意设计的时候所用的原材料没有丝毫的减少而是有所增加。它通常是用单一的或两种以上的材质在现有面料的基础上进行排列组合、叠加、堆积、粘贴、补、挂、绣等工艺手段，形成立体的、多层次的、和谐的、有节奏的、富有创意的面料。

例如：采用各种羽毛、珠子、亮片、贴花、盘绣、刺绣、绗缝、立体花、透叠等多种材料的组合。

一、珠绣

珠绣，也称为珠片绣，是以空心珠子、珠管、人造宝石、闪光珠片等为材料绣缀于服饰之上，以产生珠光宝气、耀眼夺目的效果（图4-1、图4-2）。珠绣常应用于舞台表演服装上，以增添服装的美感和吸引力，同时也广泛应用于配饰设计上。

珠绣是将各种珠子和亮片钉缝在基础布上形成一定美感的技艺形式。珠绣可应用于厚料、薄料或是透明材料上，也可不用基础布，先穿串成形，将成形后的珠片再饰于面料上，形成具有一定美感的面料（图4-3）。图4-4、图4-5所示的作品是学生在此基础上的创作。

以人造宝石为材料绣缀于服饰上，从而产生珠光宝气、绚丽多彩、立体感强的视觉效果，平添服装的晶莹华贵和吸引力（图4-6）。

  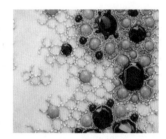

图4-1 手工珠绣　　图4-2 以珠管、亮片为主的手工珠绣　　图4-3 彩色人造宝石搭配金色小珠管的珠绣

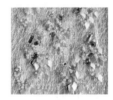   

图4-4 珠绣学生作品1　图4-5 珠绣学生作品2　图4-6 人造宝石的表现性

将珠绣运用于服装结构点的设计，如肩、领、袖等部位，以点缀服饰，从而增添服装的美感、亮点（图4-7~图4-21）。

图4-7 珠绣在肩、领、袖等部位的应用　　图4-8 珠片绣于服装下摆的应用　图4-9 珠片绣于服装开合处的应用

图4-10 珠片绣于服装背部的
应用1

图4-11 珠片绣于服
装背部的应用2

图4-12 珠片绣于服装局部的应用1

图4-13 珠片绣于服
装局部的应用2

图4-14 珠片绣于服
装局部的应用3

图4-15 珠片绣于
服装局部的应用4

图4-16 珠片绣于
服装局部的应用5

图4-17 珠片绣于
服装中的应用1

图4-18 珠片绣于服装
中的应用2

图4-19 珠片绣于
装中的应用3

图4-20 珠片绣于服装中的应用4

图4-21 珠片绣于服
饰中的应用

二、刺绣

　　刺绣，又称为绣花，是传统手工技艺之一，是用针线在织物上绣制各种装饰图案的总称。用针将丝线或其他纤维、纱线以一定图案和色彩在绣料（底布）上穿刺，以缝线的针迹构成一定的彩色图案和装饰纹样。它是用针和线把人的设计和制作添加在任何存在的织物上的一种艺术（图4-22）。刺绣是中国民间传统手工艺之一，在我国至少有两三千年历史，是国家与民族的瑰宝。

图4-22 中国传统刺绣——云肩

刺绣是一种传统手工技艺，每个国家与地区、每个民族与地域都有自己独具特色的绣花技法和手艺，常见的有彩绣（图4-23）。彩绣，泛指以各种彩色绣线绣制花纹图案的刺绣技艺，具有绣面平服、针法丰富、线迹精细、色彩鲜明的特点，在服装饰品中多有应用。

彩绣的色彩变化十分丰富，它以线代笔，通过多种彩色绣线的重叠、并置、交错，产生华而不俗的色彩效果。尤其以套针针法来表现图案色彩的细微变化最有特色，色彩深浅融汇，具有国画的渲染效果（图4-24）。

图4-23 传统彩绣——绣品高　　图4-24 少数民族的刺绣多源于造型生动、色彩绚丽的生活图案，具有强烈的装饰
雅、精致　　　　　　　　　　效果

完成刺绣所需要的材料有各种材质的底布、尺寸不同的手绷或卷绷、绣花针、绣线、绣花剪子、绣架等（图4-25）。刺绣过程一般分为15步：选布、选线、选针、选绣花绷、设计图纸、转印图案、确定设计效果、固定布料、剪线、穿线、起针、打结、分区绣、装饰、检查等（图4-26）。

图4-25 刺绣工具

图4-26 依据设计以不同色彩的绣线为主要材料，在面料上进行刺绣

图4-27所示的作品是学生根据以上刺绣步骤进行的创作设计。

彩绣的色彩十分丰富，如将其运用于服装面料的设计中，可以增添服装的色彩层次感（图4-28~图4-30）。

刺绣拥有丰富的表情和肌理，那些斑驳起落的绣花色彩具有精美绝伦的层次感，散发着优美的气息（图4-31）。

图4-27 学生刺绣作品

图4-28 以彩线刺绣为灵感，在服装面料上进行设计1　　图4-29 以彩线刺绣为灵感，在服装面料上进行设计2

图4-30 刺绣在牛仔服装中的应用　　图4-31 刺绣在中式礼服中的应用

三、布贴绣

　　布贴绣，也称为补花绣，是一种将其他面料剪贴绣缝在服饰上的刺绣形式（图4-32）。布贴绣的历史相当悠久，原本是农村流行很广的一种民间工艺美术品。布贴绣在造型上富于变形夸张，在色彩艺术方面强调明快质朴，绣工粗细兼备，颇有民间风采（图4-33）。

　　将布贴绣应用于服装设计中，可以使服装的表达简单而富有趣味（图4-34）。

　　图4-35所示的作品是学生以布贴绣为主要灵感进行的设计创作。

图4-32 布贴绣　　图4-33 山西民间布贴绣　　图4-34 布贴绣在服装中的运用

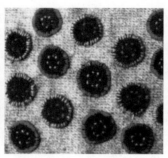

图4-35　学生布贴绣作品

四、扎染

扎染，是通过捆、扎、结、缝、折、叠等手法，使染料无法渗透，从而形成特殊的肌理纹样（图4-36）。扎染古称为扎缬、绞缬、夹缬和染缬，是中国民间传统而独特的染色工艺。扎染工艺分为扎结和染色两部分，晕色丰富，变化自然，趣味无穷。更使人惊奇的是，扎结的每朵花，即使有成千上万朵，染出后也不会出现完全相同的效果（图4-37）。这种独特的艺术效果，是机械印染工艺难以达到的，因此仍十分流行。

很多服装的面料设计都是以扎染来表现服装的变化多样、古色古香，传统工艺表现自然，效果却十分独特（图4-38、图4-39）。

图4-36　扎染　　　　　　　　　　　　　　　　　　　　图4-37　手工扎结

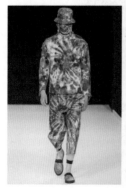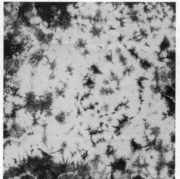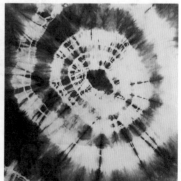

图4-38　以扎染面料设计的服装

图4-39 迪奥2019春夏系列作品

五、线饰

线饰,指在基础布上用明线进行规则或不规则装饰的技艺形式,其装饰的质地、色彩、形状不一。因选择的线与绳的粗细色彩质地不同,所以会呈现出不同的艺术效果(图4-40、图4-41)。

图4-42、图4-43所示的作品是学生以线饰为主要灵感进行的设计创作。

将线饰运用于服装设计中,可以增添服装的律动性,为服装带来不同的视觉美感(图4-44)。

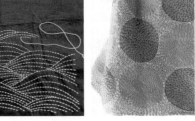

图4-40 规则线饰   图4-41 规则与不规则线饰

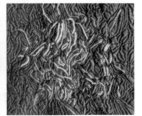

图4-42 学生线饰作品1

图4-43 学生线饰作品2   图4-44 线饰在服装中的应用

六、绳饰

绳饰，是在基础布上装饰质地、色彩、形状不同的绳子的技艺形式（图4-45）。
图4-46所示的作品是学生以绳饰为主要灵感进行的设计创作。

对于绳饰材料的选择，其粗细往往介于线饰材料和带饰材料之间（图4-47）。

将绳饰运用于服装设计之中，可以强调服装的结构设计，增添服装的表达形式，丰富细节（图4-48）。

图4-45 绳饰　图4-46 学生绳饰作品　图4-47 材料各异的绳饰

图4-48 绳饰在服装及配饰中的应用

七、带饰

带饰，是在基础布上装饰花边、丝带等带状物的技艺形式（图4-49）。

将带饰运用于服装设计中，可以增添服装的律动感，为服装带来不同的视觉效果（图4-50）。

图4-49 带饰中最常用的丝带缝绣技艺　　图4-50 学生带饰作业

这两年，在各大服装秀场，用飘带、抽绳在服装中进行设计的作品有很多。根据不同的设计风格，抽绳与飘带的应用或优雅或运动，都是令人耳目一新的创作（图4-51）。

图4-51 带饰在服装中的应用

八、叠加

叠加，是将一种或多种材料反复重叠、相互渗透而形成丰富层次效果的技艺形式。

不透明面料的叠加，侧重点在于对画面构成的把握（图4-52）。因为面料的遮盖性决定了其首先要解决的是一个对比关系的问题，即使是同材质、同近色的构成，也会因面积的大小、形状的切割、前后关系的排序形成对比，关键是寻求调和（图4-53）。因此，不同的面料组合在一起，所产生的效果也会不同（图4-54）。

透叠法在轻盈透薄的面料设计中效果较为明显，由于面料本身透明，内层若隐若现，体现了一种朦胧美（图4-55、图4-56）。

图4-57所示的作品是学生以叠加手法为主要灵感进行的设计创作。

根据服装设计的理念定位，为突出或强调某一局部的变化，增强局部面料与整

体服装面料的对
比性，可以有针
对 性 地 进 行 局
部面料再造设计
（图4-58）。

图4-52　不透明面料的叠加

图4-53　不同角度的叠加　　　　　　图4-54　两种以上　图4-55　透明面料　图4-56　叠加效果
材料的叠加　　的叠加　　（学生作品）

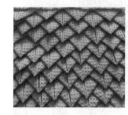

图4-57　学生叠加作品

图4-58　叠加在服装中的应用

九、堆饰

　　堆饰，是将一种或多种材料堆积或集中装饰在某一个部位，使其具备强烈的形式美感，形成立体效果技艺形式（图4-59、图4-60）。

图4-59　堆饰　　　　　　　　　　　　　　　图4-60　两种以上材料堆饰

　　将堆饰应用于服装设计之中，能增添服装的立体造型感，使服装的表达更具层次感（图4-61）。

图4-61　堆饰在服装中的应用

十、绗缝

　　绗缝，是在缝制有夹层的纺织物时，为了使外层纺织物与内芯之间贴紧固定，传统做法通常是用手针或机器按并排直线或装饰图案效果将几层材料缝合起来，从而增加美感与实用性的技艺形式（图4-62）。

　　绗缝用于设计时不必局限于传统做法，可以利用多层材料的叠加效果，或者利用绗缝的线迹做装饰，或者只做缝合不夹棉等，各种方法都可以尝试（图4-63）。

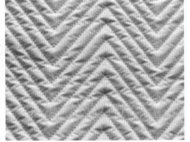

图4-62　绗缝

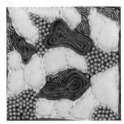

图4-63　学生绗缝作品

　　绗缝的特点是密度厚、保暖性强，而且美观大方，其在服装设计中的应用，既简单大方又不失典雅（图4-64）。

图4-64　绗缝在服装中的应用

十一、毡艺

　　羊毛具有天然特性——遇热水后收缩，在外力挤压下会黏结成非常结实、厚重的毛毡。毡艺就是利用这种特性，通过碾压或密集的针戳使羊毛呈现出不同的造型效果。传统的毛毡配以彩色的绣花，形成游牧民族独具特色的毡绣工艺（图4-65、图4-66）。

　　图4-67、图4-68所示的作品是学生以毡艺为主要灵感进行的设计创作，主要运用的是针戳和缝线的技法。

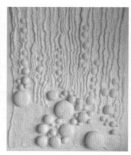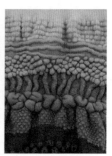

图4-65　具有独特创造力的毡艺作品

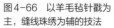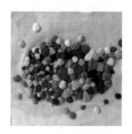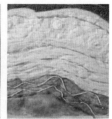

图4-66　以羊毛毡针戳为主，缝线珠绣为辅的技法　　图4-67　学生毡艺作业1　　图4-68　学生毡艺作业2

　　羊毛毡在服装中的应用是自然情绪的融合，利用色彩表达服装情感，再混合羊毛纤维的肌理感，使人感觉如画一般（图4-69、图4-70）。

图4-69　羊毛毡服装具有天然肌理

图4-70　羊毛毡在服装中的应用

减法设计及变形法设计 ————————————————

　　减法设计，指破坏成品或半成品面料的表面，通过剪切、撕扯、镂空、烧花、烂花、抽丝、拉毛边等方法破坏材质表面效果，可以使用化学的方法，也可以使用物理的方法，使其重量减轻、更加柔和，并具有不完整、无规律或破烂感。按设计构思对现有的面料进行破坏，形成具有新意的错落有致、亦实亦虚的效果。变形法设计，指利用传统手工或平缝机等设备对各种面料进行变形处理，如堆积、抽褶、层叠、凹凸、褶裥等，形成立体或浮雕般的肌理效果。

一、减法设计

1. 剪切、撕扯

将材料用剪切、撕扯、磨损等破坏手段改变其原有面貌，形成另一种状态的技艺形式。

剪切是通过规整性或不规整性剪切，形成简洁大方、别具一格的款式造型。剪切能通过局部不完整与整体完整的对比，给人一个发挥想象的空间。剪切法制作是利用材料本身所具有的特性，如弹性、悬垂性、韧性等直接剪切，使材料分离产生规整性或不规整性的分割（图4-71）。

撕扯是指在完整的面料、纸、布、塑料、毛、皮等软质材料上人为地破坏，经拉伸等强力破坏方式，留下各种裂痕的人工形态，以追求粗犷或朴素的效果。撕扯手法的使用一定要追求自然，撕扯的部分不宜太多和过于零散（图4-72、图4-73）。

剪切和撕扯手法在服装中的应用，使服装造型、外观产生丰富的视觉肌理和触觉肌理效果（图4-74~图4-76）。

2. 烧烫

烧烫破坏面料的实验具有随意性和偶然性，可利用不同材质的化纤面料燃烧后

图4-71　牛仔面料剪切效果　　　　　图4-72　针织面料撕扯效果

图4-73　牛仔面料撕扯效果　　　　　图4-74　剪切与撕扯手法在服装中的运用

图4-75　剪切在服装中的运用　　　　　　　　　　　　图4-76　撕扯在服装中的运用

的熔缩效果来构思，同时，可尝试不同的高温破坏方法。烧烫破坏面料方法的随意性和偶发性，不能预测效果。可以采用线香、蜡烛、熨烫等手法使材料表面形成不同的破口，再将破损处加以装饰，从而形成新的面料肌理效果。

　　烧烫可利用烟头或者香、蜡烛等材料在面料上做成大小、形状各异的孔洞，使孔洞的周围留下棕色的燃烧痕迹。在面料处理时，利用这种技法可以设计出既带有强烈的个人情感内涵，又独具美感和特色的面料，由这些面料制作的服装更具有个性与风格（图4-77、图4-78）。

　　烧烫在服装设计中的实施方法简单，但偶然性比较大，呈现的整体服装给人别具一格的感觉（图4-79）。

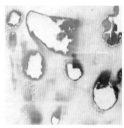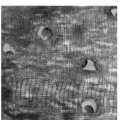

图4-77　烧烫效果　　　　　　　　　　　　　　　　　图4-78　双层烧烫效果

图4-79　烧烫在服装中的运用

3. 抽纱

抽纱是根据图案设计，在服装面料的一定范围内抽取数根不需要的经纱或纬纱，对剩下的纱线进行扎、绕、编、缝等固定形式，使面料形成透视图案的技法。抽纱最好选择质地粗糙的平纹面料，既可以按照一定规律抽纱，也可以无规律地抽纱。一般采用平纹布、棉布、亚麻布、牛仔布等，抽纱的技术受布纹的限制，应根据纱线的粗细、布纹的疏密选择抽纱方法。抽纱的方法大体分为两类，一类是抽取经或纬一个方向的纱线，称为直线抽纱（图4-80）；另一类是抽取经和纬两个方向的纱线，称为格子抽纱（图4-81）。

抽纱后，在面料上会自然产生毛边效果。毛边改变了原有的外轮廓，虚实相间，精致美观。传统服装边缘的处理都是将毛边折起不露在外面，现在流行的边缘装饰方法，一种是不处理毛边，使其露在服装表面（图4-82）；另一种是使毛边自然随意卷曲，或抽掉毛边的纬纱并修齐（图4-83）。

抽纱工艺手工操作相对较繁杂。利用该工艺制成的织物具有虚实相间、层次丰富的艺术特色和空透、灵秀的着装效果（图4-84）。

 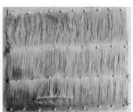  

图4-80 直线抽纱　　　　　　　　　　　　　图4-81 格子抽纱　　　图4-82 抽纱后的毛边

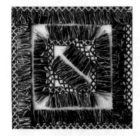   

图4-83 经修剪的毛边　　　图4-84 抽纱在服装中的运用

4. 镂刻、打孔

镂刻是借助一些工具在面料或是制作好的服装上挖去部分面料，由镂空部分构成图案，然后再以填补或不填补的破坏式设计方式，如剪切手法，在皮革及一些机织面料上，利用剪纸艺术处理成各种镂空的效果（图4-85）。镂刻是一个"破坏"的过程，通过破坏使面料或制作好的服装变得通透，透露出里面的内容，能增加服装的层次和内容。

镂空形式又分为全透露、半透露和不透露三种。全透露是让其自然透露；半透露是把透明的纱料敷贴在面料反面；不透露是把不透明或另一种花色的面料敷贴在面料反面（图4-86）。

打孔需借助锍子和锤子。首先，在面料上标注好打孔位置；其次，将锍子扎入标记，握稳锍子将其固定；最后，用锤子对准锍子中心，力度循序渐进，砸大约十下，具体次数根据皮具厚度和锤子重量而定，完成打孔（图4-87、图4-88）。

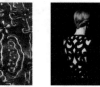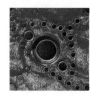

图4-85 在织物或皮革上镂刻设计好的图案　图4-86 镂空用于服装背部设计　图4-87 在皮革上打孔　图4-88 在牛仔面料上打孔

二、变形法设计

运用变形法再造手段将原来的面料经过抽褶、皱缩、捏缝、拧结、挤压等变形处理，使面料具有丰富变化的浮雕效果。

1. 抽褶

抽褶工艺是一种传统的手工装饰手法。抽褶也称缩褶，在一些介绍装饰工艺技法的书上又称面料浮雕造型，它赋予服装丰富的造型变化（图4-89）。其做法是，按一定的规律把平整的面料整体或局部进行手针钉缝，再将线抽缩起来，整理后面料表面会形成一种有规律的立体褶皱（图4-90~图4-92）。服装抽褶具有功能性和装饰性的效果，广泛运用于上衣、裙子、袖子等服装部件的设计中。

通过抽褶能把服装面料较长较宽的部分缩短或减小，使服装更加舒适美观，同时还能发挥面料悬垂性、飘逸感、秩序感的特点，既使服装舒适合体，又能增加装饰效果，因而被大量应用于半宽松和宽松的女式服装中（图4-93）。

图4-89 抽褶

图4-90 按照设计具有一定规律的抽褶1

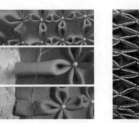
图4-91 按照设计具有一定规律的抽褶2

图4-92 多种抽褶效果

图4-93 抽褶在服装中的运用

2. 褶裥

褶裥是将面料折叠并以一定的间隔缉缝，使折痕竖起产生立体效果的形式（图4-94）。

在服装设计中，面料打褶的位置不同会产生不同的视觉效果（图4-95）。

图4-94 褶裥

图4-95 褶裥在服装中的运用

3. 扎结

扎结是将面料经过拧、扎、结等变形处理，改变其原有状态（图4-96）。在服装设计中，运用扎结可以创造出独特的视觉点（图4-97）。

图4-96　拧、反转完成扎结　　　　　　图4-97　扎结在服装中的运用

4. 钩、编

　　钩、编是运用各种各样的纤维和钩编技巧的工艺（图4-98、图4-99）。钩、编工艺采用面料或不同纤维制成的线、绳、带、花边等通过编织、钩织等各种手法，形成疏密、交错、宽窄、连续、平滑、凹凸、对比等外观变化（图4-100、图4-101）。

　　编织是将经、纬纱线穿插交叉掩压形成网状平面，如传统的草席、竹篮、地毯的制作就是采用编织技法。在传统手工编织的基础上，采用疏密对比、穿插掩压、粗细对比等手法，形成凹凸、起伏、隐现、虚实的浮雕艺术效果（图4-102、图4-103）。

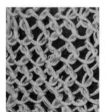

图4-98　钩　　　　　　　　　　　图4-99　编

图4-100　编织花型与丝　　图4-101　用带子进行手工编结　　　图4-102　整体编结
带结合　　　　　　　　　　　　　　　　　　　　　　　　　服装

图4-103　钩、编在服装中的运用

第三节
综合法设计 —————————————————————

通过对面料的不断创新，在提高服装服用性能的同时，又带给人们新的审美感受。面料再造艺术在服装设计中的应用，应从面料再造艺术的概念和设计原则着手，为艺术的应用提供支持。

综合法就是同时采用加法、减法、变形法中的两种或两种以上的再造手法，有目的、有主次地应用在面料再造设计中。突出面料再造特点，并以形式美法则进行再造设计。

面料形态的综合处理，指在进行服装面料再造设计时往往采用多种加工手段、多种表现手法，选择多种技法相结合，如抽纱与叠加、破损与珠绣、剪切与叠加、绣花与镂空等同时运用的情况，以此展现出丰富多彩的肌理效果。灵活运用综合设计的表现方法会使面料的表情更加丰富，创造出别有洞天的肌理和视觉效果（图4-104~图4-108）。

图4-104 综合法（羊毛毡艺与珠绣结合）

综合法的运用，往往结合相应的主题设计。如设计题目为《悦·融》，选择材料以牛仔面料为主，进行多种技法的结合，将具有包容性很强的牛仔面料与诸多服用、非服用材料结合，表达不同立意的"悦"与"融"（图4-109）。

另外，还可以将传统技法与创新技法相结合，尝试不同面料再造的手法。例如涂层实验，将不同的材料涂在各种面料材质上，观察面料表面的效果。这类实验通常不能直接运用于实际的生活产品，而是仅作为面料造型和外观展示效果，或作为设计的灵感启发（图4-110）。

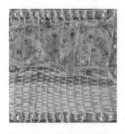

图4-105 综合法（编织、线饰与珠绣结合）

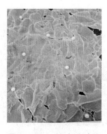

图4-106 综合法（烧烫、毡艺与珠绣结合）

图4-107 综合法（编钩、珠绣与绗缝结合）

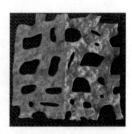

图4-108 综合法（剪切、珠绣与编钩结合）

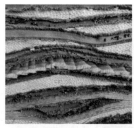
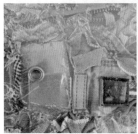

图4-109　综合法主题设计《悦·融》

　　总之，在采用这些方法的时候，选择什么样的材料，用何种加工手段，如何结合其他材料产生对比效果以达到意想不到的境界，是对设计师创意和实践能力的挑战（图4-111）。

　　综合法设计大多是在服装局部设计中运用，但也有用于整块面料的。

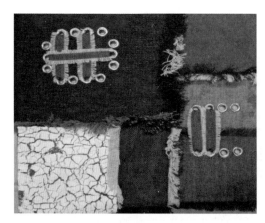

图4-110　牛仔面料中的涂层实验　　　　　　　　图4-111　综合法设计

第五章

服装面料
创意设计的具体应用

在服装设计三大要素中的应用 ————————————

　　服装设计赋予了服装生命，它的三个基本要素：造型设计、面料设计和色彩设计都是服装设计过程中必不可少的环节，三个要素之间相辅相成，缺一不可。同时，面料设计也体现着服装制作技术的发展与时代文化的创作底蕴，服装设计是基于面料的再开发行为。因此，面料的创意设计对于整个服装设计来说就显得尤为重要。下面我们将结合面料创意设计与服装设计的三个要素展开分析。

一、服装面料创意设计与服装造型的关系

　　在视觉层面上，对于服装的最直接体验就是服装造型。服装造型设计给予服装面料更多样化的实现。同时，面料创意设计反作用于服装造型，在整体和细节上都赋予服装更强的张力，同时还渲染了服装的艺术性。服装的基本造型大体分为H型、A型、T型、O型。

　　H型：H型以直线造型为主，又称直身型。H型造型不强调人的身体曲线，弱化胸、腰、臀等部位，使服装各部位围度基本一致，整体服装线条平直，穿着感舒适、自由。

　　A型：与H型造型相反，A型造型强调身体曲线，主张上紧下松的理念，提倡丰胸、束腰、翘臀等理念，同时配以宽大的下摆，达到华丽的视觉效果，通常为贵族

服饰或高级定制系列采用。

T型：T型服装则更强调穿着的舒适性，从袍袖宽大的朝服到通体直线条的马褂，再到现代服装中的蝙蝠衫、T恤等，这种造型方式贯穿于人们的生活中，也因为宽松舒适被日常大众所接受。

O型：O型服装的造型比较独特，除了体现创新设计时被使用外，多被用在孕妇和儿童服装设计上，以贴合体态需求。

总的来说，服装造型设计涵盖了对服装的基本外形轮廓与内部结构的二次塑造，是以人体为基本造型。针对服装材料进行的二次立体设计，主要是利用叠加、系扎、撑垫、折叠、包缠和抽褶等手段，改变服装本身的特性与造型。服装设计界的鬼才亚历山大·麦昆就善于运用系扎、叠加等手法来塑造服装造型，使服装造型更加立体，与其夸张大胆的服装色彩相辅相成（图5-1）。在服装面料的基础上，实现了多样化的造型形态。反之，服装面料的创意设计也会反作用于服装的最终艺术形象。服装造型的实现与服装面料的力学性能有必然的联系，面料的刚度和质量等物理因素都对服装造型的最终实现有着决定性的影响。

服装创意设计通过面料的叠加、附着及拼接同时结合面料的镂空、剪切及抽褶等手法实现服装面料的二次设计。在此基础上，配合服装造型的艺术效果，使整体服装可以获得常规服装造型难以企及的服装艺术美感。

图5-1 亚历山大·麦昆2009秋冬系列

二、服装面料创意设计与服装材料的关系

服装设计是基于基础面料的再加工，服装面料的质地、组成以及观感都直接影响服装的整体效果。而服装面料的创意设计则是对服装面料的二次加工，为服装设计创造了更多可能性。日常的服装面料可分为以下几种：

1. 棉型织物

棉型织物一般指用呼吸感强、密度大且穿着舒适的棉纱线或棉及棉型化纤混纺纱线织成的织物，可分为纯棉制品、棉涤混纺两大类。

2. 麻型织物

麻型织物一般指用物理质地硬度较大、密度大的麻纤维纺织而成的纯麻织物及麻与其他纤维混纺或交织的织物。因为其透气、疏松的特性，常用于轻薄衣物的制作上。麻型织物可分为纯纺和混纺两类。

3. 丝型织物

相比于前两种面料，丝型织物面料轻薄、触感光滑，应用范围也更为特定，其独特的面料光泽会带来由内而外的高级感。丝型织物主要指由桑蚕丝、柞蚕丝、人造丝、合成纤维长丝为主要原料的织品。

4. 毛型织物

毛型织物指用各种毛以及毛化纤维为主要原料制成的织品，日常生活中一般以羊毛为主。这种高级面料具有弹性好、抗皱、挺括、耐穿耐磨、保暖性强、舒适美观、色泽纯正等优点，深受消费者的欢迎。

5. 化纤织物

化纤织物指人们根据具体需求利用纯化学纤维织制成的一种合成面料，其有很多天然纤维织物所没有的优点，因牢度大、弹性好、挺括、耐磨、耐洗、易保管收藏，所以受到人们的喜爱。

6. 其他服装面料

（1）针织服装面料：由一根或若干根纱线连续地沿着横向或纵向缠绕成圈，并相互串套而成的织物。

（2）裘皮：指带有毛的皮革，一般常用于冬季服饰品的里料或装饰等，可起到保暖、防寒装饰的作用。

（3）皮革：各种经过鞣制加工的动物皮。鞣制的目的是防止皮革变质，质地柔韧，并增加其使用寿命。

（4）新型面料及特种面料：如太空棉等。

服装材料的面料再造是对二维平面的基础面料进行二次改造与设计，可放大面料肌理的设计美，使其呈现出丰富的视觉层次效果。例如，传统的针织面料因为其舒适的质感常被用来制作舒适贴身的衣物，但根据现在的审美要求也需要其具有一定的塑形能力，使其具有附加的廓型感与张力。不同的面料可以呈现出不同的穿着体验，在此基础上，不同的面料创意设计也对服装设计的呈现起着至关重要的作用。

面料加法再造的主要方法有黏合、热压、车缝、补、挂、绣等工艺手段，可形成丰富立体的艺术效果；面料减法再造的主要方法有镂空、烧花、烂花、抽丝、剪切、磨砂等，可形成层次交错、虚实结合的艺术效果。面料创意设计不仅要求对服装造型进行艺术设计，同时随着时代的发展与人类消费观念的转变，人们在追求服装美感的同时还非常注重服装的舒适度，这就对面料创意设计提出了更进一步的要求。

日本著名服装设计师三宅一生（Issey Miyake）在服装材料的运用上打破了传统服装追求平整光洁的定式，擅长运用白棉布、针织棉布、亚麻等服装材料来创造各种肌理效果（图5-2）。他利用服装面料的二次设计在不同的面料上作出褶皱效果，其最著名的一个核心观念便是：衣服是运动的身体上的一块布。他只设计一块布，而整体服装的效果在不同人身上有不同的呈现。由人本身的形体和褶皱形成的支撑空间决定了服装的廓型，将一维面料变为具有三维空间的立体呈现。三宅一生的作品在体现简约舒适的同时更突出了面料结构的科技感，并超越了服装造型的限制，在人类服装设计史上增添上浓墨重彩的一笔。

图5-2　三宅一生1995春夏作品

三、服装面料创意设计与服装色彩的关系

服装色彩设计主要指针对材料的色彩以及引发色彩联想而进行的二次塑型，包括服装制作拼合前的印染加工，如采用民间工艺的扎染、蜡染、晕染和手绘纹样，还有现代技术的丝网印、数码印、热印和烫印等；另外，包括服装成衣的后续加工——刺绣、手工缝钉、贴花、透叠、盘绣等。要注意的是，不同的色彩在特定、时间、特定地点具有其特殊的功能性。但在大多数情况下，服装色彩还是要根据个

人的喜好来进行选择与搭配。

从服装整体设计的角度上讲，如果只是利用色彩的叠加或者组合是难以达到设计师想要的艺术效果的，因此我们将服装面料的创意设计加入其中，打破了一维平面的色彩局限，利用服装面料的各种创意设计达到三维立体的色彩设计。

2014年10月31日，知名设计师张肇达和有"针织女王"之称的设计师潘怡良联手，发布了主题为"我们"的系列设计作品"向经典优雅致敬"（图5-3）。两位设计师将服装色彩设计与服装面料创意设计完美结合，带给人们一场视觉盛宴。张肇达主要运用了钉珠、贴花等服装面料设计手法，以白色为主、黑色与紫红色为辅的色彩搭配方案，并利用欧根纱、缎、蕾丝、雪纺等面料，打造了优雅、复古的设计作品。潘怡良则利用擅长的针织面料结合欧根纱、蕾丝等面料，使服装整体风格更加细腻、精致。整场秀将服装色彩设计、面料设计和舞台设计融合重构，展示出了面料设计带给服装的无限可能。

图5-3　张肇达和潘怡良2014"我们"春夏发布会

第二节
在服装局部与整体上的应用 ——————————————

面料作为整体服装的基础，不仅决定着服装风格，更在各个感官层面带给受众独特的体验。而面料创意设计则为面料提供了更多的可能性，设计师的设计思路将不再受限于面料材质、形式等，而是通过面料的二次再造与加工，实现最优的、最贴合受众需求的服装设计。

服装设计中最重要的几何构成元素就是点、线、面。一个身体主要部位、一个装饰点可以理解为一个点；腰线、颈线、下摆线可以理解为一条线；一片整体装饰、一个色块，则可以理解为面。它们相辅相成，可以构建出千变万化的服装设计。服装面料创意设计的应用一般分为在局部的应用和在整体的应用两种。

一、在服装上的局部应用

相比于整体面料的服装设计，在局部具有面料设计亮点的服装能在第一时间突出整体服装的设计风格，使观赏者的视觉焦点集中在服装本身，并且可以使其视觉流动轨迹根据设计师的设计思路进行移动。在边缘部位的面料创意设计是一种很普遍的应用，这种设计在服装的门襟、领口、袖口、裤脚口、裤侧缝、下摆、肩线等部位对面料进行二次创意设计，如线型褶皱或连续的纹样等。另一种则是在服装中心部位的面料创意设计，这种设计常在胸部、腰部、腹部、背部等第一视觉点直接运用面料创意设计，从而延长观赏者的第一视觉触点的停留时间，延迟视觉流动。这使得此类服装在同等视觉停留时间内，比基础服装更能吸引观赏者。

面料创意设计在服装的局部运用，一般是以点、线的形式出现。当面料的局部创意设计以点的形式出现在局部时，由于其大小、形态、位置不同，所产生的视觉效果也不同，造成的心理作用也不同。一般圆形、正方形会给人稳重、大方、踏实的感觉，而多边形及不规则图形则给人个性张扬的感觉（图5-4）。

另外，点在整体服装的平面位置也影响着服装的整体视觉效果（图5-5）。若点的位置偏下，给人的感觉比较沉稳、庄重，视觉中心点会自然下移；若点的位置偏上，符合自然视觉流动轨迹，会给人感觉整体服装线条比较流畅自然；若点的位置位于中间，服装整体感觉则会比较平衡，视线会铺散在整体服装上；若点位于黄金分割线上，则会起到修饰身材比例的作用，拉长腿部曲线。

图5-4　点的形态（图片来源：作者自绘）

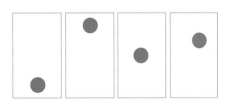

图5-5　点的分布（图片来源：作者自绘）

此外，服装面料创意设计的点应用还可以分为单点和分散点：单点的应用，在服装中间部位使用一个花卉装饰物进行点缀，其余面料全部留白，没有任何过多的装饰，从而形成强烈的视觉对比（图5-6）。分散点的应用，在肩部和对角线处的腰线点缀花卉装饰物，两点平衡地连接着整体服装，使得服装不仅具有自己的特色，同时还具有协调、统一的视觉效果（图5-7）。

在服装设计中，如果说点是静止的，那么线就是点运动的轨迹。它具有位置、长度、宽度、方向、形状和性格等属性。线还具有丰富的表现形态，如有形与无形、弯曲与笔直、硬边与柔边、实线与虚线、粗线与细线、深线与浅线等，不同的线会产生不同的视觉感受。

首先，可以通过点的线化来实现线型面料创意设计。在点元素自身的张力作用下表现出来的"两点之间形成线段"的观念，使我们在看到两点之后，总会在心理上产生一种线条的连接感，在平面设计中可以利用这种心理感受来进行创作。图5-8所示的服装正是利用了这种设计原理，在门襟边、衣摆边、双袖中线都连续添加了点状装饰，而观赏者在视觉上会形成线状装饰，使服装线条更加明晰、流畅。

图5-6 单点的应用（王薇薇2019早春系列）　图5-7 分散点的应用（王薇薇2019早春系列）　图5-8 艾莉·萨博2018秋冬系列

其次，线型创意设计又分为直线型和曲线型等。而直线型又包括平行线、水平线、垂直线、斜线等，不同的线型可以带来不同的视觉效果。例如，图5-9所示的作品是通过压褶在腰部形成的平行线起到了修饰身材、拉长比例的作用。图5-10则是通过面料的印染平行线为单一的面料添加了视觉亮点。

水平线和垂直线往往能够增加服装的平衡感，起到点缀的作用。如图5-11所示，将水平线运用在单一的面料色彩上，形成色彩对比的同时还增加了服装的高级感；如图5-12所示，垂直线的运用则增加了服装的厚重感，同时增强了服装的廓型感。相比于水平线和垂直线的运用，斜线的运用往往更体现个性，如图5-13所示，斜线的运用会给人比较个性时尚的感觉，体现出服装的设计感。

曲线型在面料创意设计中的运用会使整体服装更加灵动、有韵味。在图5-14所示的设计中，白色流畅的线型随着身体曲线在黑色的面料上延伸，其他部分则没有多余的装饰，以体现出服装的质感。

图5-9 艾历克西斯·马毕2018秋冬高级定制系列

图5-10 马克·雅可布（Marc Jacobs）2019春夏系列

图5-11 罗意威（Loewe）2019春夏系列

图5-12 吉尔·桑达（Jil Sander）2019早秋系列

图5-13 让-保罗·高缇耶（Jean-Paul Gaultier）2009春夏高级定制系列

图5-14 马克·雅可布2009早春度假系列

总的来说，面料创意设计在服装上的局部应用正是利用了点和线的聚焦性来体现服装的个性，造成视觉冲击。这种手法的运用既强化了受众对于服装的审美体验，同时也增强了服装本身的艺术效果。

二、在服装上的整体应用

服装造型是由不同的面组合拼接而成的，所以面料创意设计在服装的整体应用上主要是在面上的呈现。这种设计手法有以下几种比较突出的呈现方式。

首先，是独立点的面化。蝴蝶结型抹胸可以看作一个点性设计，但当这个点性设计足够大时，就可以将其看作一个面，这就是独立点的面化，其产生的视觉效果相较于微型点装饰更加丰富强烈（图5-15）。

其次，是密集排列点的面化。这种设计手法是以大面积使用点状图案或装饰物来达到整体效果的。例如，图5-16中，利用颈部和胸部的装饰点作为服装主题，结合轻薄的面料材质，提升服装的质感；又如图5-17所示，利用在不同部位等距离排列大小不一的圆形图案达到俏皮可爱的视觉感受，在服装主体采用较大的圆形点状团，而在侧面叠加的局部面料上采用较小的圆形图案，借以增加服装的层次感；而图5-18所示的服饰图案，则是直接使用相同大小的点状图案进行整体平铺，这种设计方式使得服装感觉更加协调统一。这种点的排列不可能是随机的，通常会采用两种或两种以上的形状或颜色的点来修饰整体，使服装风格协调统一又层次分明，不会感到单调。有些还会先利用点状装饰或图案成线，然后再利用线成面，这种方式往往会给人比较规矩正式的感觉。

最后，是以线成面的设计手法，常见的线型有直线、曲线和斜线。

直线成面包括垂直线成面、水平线成面以及混合线成面，其中水平线成面和垂直线成面往往会使用粗细不同的线条以及不同的密集程度来形成色彩上的明暗变化，

图5-15 詹巴迪斯塔·瓦利（Giam-battista Valli）2018秋冬高级定制系列

图5-16 伊娃·明格（Eva Minge）2018秋冬高级定制系列

图5-17 蒂丝·卡耶克（Dice Kayek）2019早春度假系列

同时还能起到修饰身材的作用。图5-19所示为整体使用等距同宽的垂直线进行排列，纵向拉伸服装线条，拉长视觉身高；图5-20所示为在腰部使用比较粗和比较密集的线条收拢腰部曲线，与胸部线条形成对比；图5-21所示为采用了混合线成面的手法，利用水平线和垂直线交叉排列形成整体满铺，从而增加了面料的质感。

　　曲线成面的手法明显比直线成面的手法柔和很多，而且可以塑造出多样的造型。例如，图5-22所示的大面积曲线型褶皱的应用，优化了身体曲线，顺着身体曲线延伸至下摆，整体服装形象更加温婉柔和；图5-23所示为运用酒红色和白色两种对比强烈的色彩交替成型的曲线型图案，使其布满整个服装，视觉上拉长了腿部线条，凸显身体曲线；图5-24所示为利用曲线巧妙地形成一个个同心圆，中心是一个点，

图5-18　托里·伯奇（Tory Burch）2014早秋度假系列

图5-19　麦奎斯·奥美达（Marques' Almeida）2017秋冬系列

图5-20　马克·雅可布2013春夏系列1

图5-21　麦奎斯·奥美达2017秋冬系列

图5-22　艾莉·萨博2018秋冬高级定制女装

图5-23　马克·雅可布2013春夏系列2

整体服装造型感强烈。

斜线成面的设计手法，则会增加服装的设计感，合理地运用斜线角度可以修饰身材缺陷，拉长身体比例。如图5-25所示，服装利用锐角斜线在胸部形成的交叉，修饰颈部线条，聚焦视觉中心点，使视线以黄金分割线为中心，平均地分布在整体服装上；图5-26也是采用整体运用斜线成面的设计手法，利用对比色和几何线条完成整体设计，是典型的斜线成面。

图5-24 让-保罗·高缇耶2015秋冬系列　　　　图5-25 莱拉·罗斯（Lela Rose）2019早秋系列　　　　图5-26 托里·伯奇2014早秋系列

服装面料创意设计在局部上的应用一般可以增加服装的设计感，体现设计师的个性。相比之下，面料创意设计在整体上的应用则突出了统一、和谐的效果，它不再强调某个视觉点，而是通过服装整体应用相同的设计手法实现合理顺畅的视觉效果。这种设计方式对设计师的要求比较高，且很容易因重复使用相同的服装元素而使服装变得单调无趣。整体的面料创意设计通常要结合多维的设计手法一起突出服装效果，使服装更具有艺术特色。

第三节
服装面料创意设计实例分析

通过之前的分析，我们对面料创意设计已经有了基本的理解，下面将基于设计作品进行面料创意设计实例分析。对于面料创意设计的实例分析，主要从二次着花色设计、服装面料结构设计、添加装饰性附着物设计，以及对这几种方式的组合设计进行分析。

一、二次着花色设计

在保留面料原生肌理的基础上，通过对面料的色彩结构进行二次设计同样可以赋予面料新的生机。常用的二次色彩设计手法主要分为增色设计和减色设计，包括印染、手绘、酸洗等。

1. 增色设计

在增色设计中，印染喷绘在现代服装色彩设计上的应用极为广泛。如图5-27所示，设计师通过在浅色面料上重复平铺相同的设计元素来实现其艺术效果。虽然看起来很简单，但很考验设计师的设计功底，因为很容易形成枯燥、过时的形象。如图5-28所示，则使用了多种饱和度极高的色彩，结合立体剪裁手法，使服装具有极强的性格色彩。

增色设计中的另一种手法是手绘，这种方式自由随意，可以得到"一加一大于二"的效果。如图5-29所示，这套服装就是在纯白色面料上直接增加黑色手绘元素，摒弃了其他繁复装饰，形成了独特的艺术效果。如果只是纯白色的西式套装，未免太过死板单调，但是，设计者以看似随意的手法绘上连续的密集线条，则为服装添加了不少新意。仔细看去，这些线条也并非那么"随意"，如在上衣前襟处的线条就

图5-27 Takato Wako印染图案

图5-28 桑德拉·曼苏尔（Sandra Mansour）2019春夏女装

图5-29 莫斯奇诺（Moschino）2019春夏高级定制女装

图5-30 贝瑟尼·威廉姆斯（Bethany Williams）2018春夏男装

图5-31 蓝忆2018春夏系列

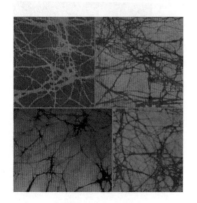

图5-32 蜡染冰纹

比裤子上的线条更疏散，这样则不会形成头重脚轻的不稳定效果。所以，这种设计手法看上去简单，其实是更加高级的艺术表现手段。图5-30是在牛仔面料上运用黄色、粉色等进行手绘，色彩运用大胆，手绘元素随机，为这套服装添加了青春气息与时尚感。

蜡染，是一种民族民间传统纺织印染工艺，广泛流传于我国云南、贵州等少数民族区域。其工艺步骤是先将蜡高温熔化，然后用蜡刀蘸取熔蜡在布料上绘制各种形状元素，再用蓝靛浸染，染好后将布料上的蜡去除，根据绘制形状的不同，布面就会呈现出蓝底白花或白底蓝花的图案。

图5-31为典型的具有民族特色的蜡染服装。服装色彩素净，沉稳大方。此外，蜡染设计手法还能形成一种独特的艺术效果，那就是"冰纹"，这是因为在浸染布料的过程中，已经干掉的蜡会自然龟裂，这时颜料就会顺着龟裂的纹路渗透进被蜡封住的布料上，出现令人惊叹的冰纹（图5-32）。

扎染，是将面料先进行有序地扎结，再进行染色，色彩会呈放射状分布在面料上，还会形成渐变的艺术效果，图5-33服装面料的扎染工序比较复杂，要将衣服分段扎结染色，过渡处合理衔接，形成渐变的艺术效果。图5-34所示为直接采用蓝色单色调进行扎染，扎染中心点为胸部，但其塑造出的艺术效果也是普通单一面料难以达到的。

提起增色设计，让人难以忘怀的还是麦昆的时装发布会中的现场喷绘。超模萨洛姆·哈罗（Shalom Harlow）身穿一条纯白色连衣裙，通过旋转舞动的方式被两台喷漆机器喷洒上黑色和黄色两种颜料，最终效果无法预知，但是其艺术手段确实登峰造极。黑色和黄色两种对比强烈的色彩随意地喷绘在素色面料上，形成巨大的视觉冲击；同时，颜料落在面料上后，随着模特的摆动而更改流动方向，更使服装散发着真实生命的呼吸感。这种手法跳出了传统的印染框架，而是将服装的最终效果交给艺术本身，这样制作出来的成品不仅是一件服装，更是一件艺术品（图5-35）。

图5-33　达尔德·斯得斯门（The Elder Statesman）2019春夏成衣

图5-34　达尔德·斯得斯门2019春夏成衣

图5-35　亚历山大·麦昆1999春夏系列喷绘设计作品

2. 减色设计

减色设计，是色彩设计中另外一种大类设计手法，如漂白、酸洗等。图5-36所示为对牛仔面料的漂白处理，这种不规则的处理方式让服装更加个性，具有青春气息。

图5-36　亚历山大·王（Alexander Wang）&命名模型（Named Models）漂白牛仔服装

酸洗也是常用的一种减色手法，其工艺是通过将服装整体浸泡在酸性溶液中，利用酸性液体的腐蚀性，使得面料本身的颜色有一种做旧的效果。图5-37中的设计就是典型的全身酸洗设计，衣服褶皱处颜色深一点，其他地方颜色浅一点，整体服装色彩层次丰富。

图5-37　斯特拉·麦卡特尼（Stella McCartney）2018春夏系列

二、服装面料结构设计

1. 服装面料结构的加法设计

服装面料结构的加法设计包括褶裥、拼接、堆积、编织、填充等实现手法，而其中褶裥根据其实现形式的不同又可以细分为打褶、刀褶、抽褶、悬垂褶、扎花等，但都是在基本的服装面料上通过对服装本身的结构进行改变，从而达到造型的效果。下面将进行详细的介绍。

（1）褶裥：指利用悬垂、叠缝、收缩等工艺形成的具有立体感、层次感的装饰性褶皱。褶裥具有随意性、自由性，没有统一固定的样式，或是随着服装肌理纹路形成的流线型皱痕，或是交错纵横的分布在服装的整体或者局部，形成独特的视觉触感与艺术效果。

①打褶：不同的褶皱纹路形成不同的服装效果。例如，打褶一般应用在廓型造型，可以得到硬朗、干净的服装整体轮廓（图5-38、图5-39）。

图5-38　Matilda Norgerg ZsaZsa Bellagio　　　　　图5-39　香奈儿春夏女装

②刀褶：指使用连续的同方向顺次排列的褶皱，增加服装的纵向垂坠感。图5-40左图中的作品下摆整体采用小密度刀褶，同时搭配刚性面料，使得下摆在垂坠的同时还具有横向的衍生，裙子廓型呈"A"字散开，增加了青春气息。图5-40右图中的刀褶应用与左图类似，只是在造型上削弱了层次感，强调了多层叠加褶皱的协调感，这种造型手法使得服装更加优雅高贵。

③抽褶：抽褶可以将服装的局部缩小或者变短，常用于袖子收口、裙装收腰线，以及局部造型等。图5-41所示的作品是在服装中线垂直添加抽褶，使服装呈现出中心对称的褶皱，同时缩短了中心位置的下摆长度，使得服装更具个性化。

图5-40　斯蒂芬·罗兰（Stephane Rolland）2016秋冬系列　　　图5-41　维多利亚·贝克汉姆（Victoria Beckham）2017早春女装

④悬垂褶：指一种利用面料自由的垂坠性，在顶部将叠加面料进行层叠固定，而下方根据面料特性自由垂坠显现出的独特褶裥。这种褶裥一般没有固定的造型，它会随着固定方式和面料材质的不同而呈现出不同的褶裥。图5-42所示的作品是叠加了多层垂坠面料，使其自然垂落，呈现出不一样的面料造型。由于面料轻薄，避免了由于面料层叠带来的厚重感，反而为整体造型增添了一丝灵动。

⑤扎花：指利用层叠面料塑造立体花型，同时大面积进行叠铺和排列，进而达到想要的艺术效果。在图5-43所示的扎花作品中，服装整体使用了粉色面料进行立体扎花堆叠，并在不同部位通过花样大小和疏密程度表现服装的结构，达到普通造型所达不到的艺术效果。

（2）拼接：是近年来的主流设计方法之一，这里要强调的是，拼接不一定是不同材质面料之间的拼接，它可以是不同面料之间的拼接，也可以是同种面料、不同色彩之间的拼接，更可以是同种色彩、同种面料的拼接。

①拼接改变造型：可以利用面料的拼接来改变服装的结构造型，如图5-44所示，

正是采用了相同面料进行等间距缝制，增加了单一面料的视觉丰富性，同时还勾勒出了身体的流线型，使得服装造型更加优雅。

图5-42　香奈儿2018春夏女装　　图5-43　二宫启（Noir Kei Ninom-iya）2019秋冬女装　　图5-44　克里丝汀·迪奥2018秋冬高级定制

　　图5-45所示的服装则是通过不同结构面料的拼接改变了整体服装的造型，在原本的纯白色裙装上身拼接姜黄色褶皱面料，右袖使用黄色面料拼接，裙摆处也拼接了黄色褶皱面料，大大提升了服装的层次感、设计感。

　　②拼接改变图案色彩：图5-46与图5-47所示的两件女装是利用不同色彩、不同形状的面料拼接形成整体，在基础面料上叠加色彩鲜艳或者是对比度大的局部图案，改变了服装原有的单一色调，增强了视觉冲击力。例如，图5-46是在基础的牛仔面料上叠加色彩鲜艳的局部图案，增加了这件作品的色彩丰富度，给予作品生命力。图5-47

图5-45　纪梵希2019系列作品　　图5-46　Romance Was Born 2019春夏女装　　图5-47　Asian Fashion Meets TOKYO 2019春夏高级成衣

则是使用强对比度的色彩面料进行拼接，打破单一色彩的束缚，增加服装的设计感。

（3）堆积：面料的堆积是通过多层叠加面料进行服装造型设计的一种手法，一般可以使用同色、同材质面料进行层叠堆积，也可以使用渐变色或者不同颜色、不同材质的面料进行堆积设计，达到想要的艺术效果。不过这种设计手法对于设计者的要求比较高，因为很容易造成臃肿乏味的感觉，所以非常重要的一点是，在堆积的同时还要考虑堆积的面料对于服装廓型的影响。

图5-48所示的是面料自然垂坠打褶堆积形成的最终效果。在肩部添加的褶皱堆积使服装整体更加平衡，上半身与下半身保持一致，使得下半身不会太过突兀，而胯部的垂坠褶皱堆积则完美地修饰了腰部与胯部曲线，还结合适当的边缘裁剪，强调女性身体的曲线美。同时，这种垂坠堆积会随着人体的走动而自然摆动，整体服装更具有动感与生机。

相比于单层面料打褶形成的堆积，多层同种面料打褶形成的面料堆积则更加适用于轻薄面料的造型，因为只有这样才不会给人繁复厚重的厌烦感。图5-49所示为利用轻纱面料多层叠加，在勾勒身体曲线的同时，又给人留有联想的空间，常用于宫廷感、少女感的连衣裙制作。行走时，每一层纱裙随着模特缓慢的步伐收缩、舒展，在空气流动中微微荡漾，这种呼吸感是普通面料设计手法所远远达不到的。

堆积方式还有不规则面料的不规则堆积，这种堆积方式不强调对称性，也不强调统一性，它完全取决于设计者想要达到的艺术效果，然后根据这个设计将这种不规则的堆积元素进行合理叠加，既增加了服装造型的个性，也不至于太过厚重。在堆积设计中，这种设计方式是一种不错的选择（图5-50）。

图5-48 Phuong My 2019春夏女装

图5-49 优丽亚娜·瑟吉安科（Ulyana Sergeenko）2018秋冬女装

图5-50 亚历山大·麦昆2015春夏女装

（4）编织：指使用布条、绳子等大面积编织形成裙子的纹路框架，然后以其他面料叠加，形成节奏感和秩序感，同时利用不同的造型、图案、色彩元素以及疏密的合理搭配，完美地呈现不同的艺术效果。

图5-51为使用了白色布条进行服装框架勾勒，再搭配轻薄的面料材质，从而增强了服装造型的立体感；同样，图5-52也是使用布条进行框架勾勒，唯一不同的是，服装选用了色彩对比度大的黑色与白色进行编织，相比于同色系编织，这种编织色彩的搭配更强调了服装的框架线条，也突出了服装的廓型。

图5-51 拉尔夫＆罗索2018秋冬高级定制系列女裙

（5）填充：面料填充是通过在面料的夹层中大量填充轻质的羽绒等填充物，使面料变得饱满，廓型更加鲜明突出。图5-53、图5-54所示就是通过面料填充使得服装整体廓型外扩饱满，给人带来强大的视觉冲击，整体服装设计感十足，不过这种面料再造手法很考验设计师的造型技巧，造型过于单调或者过于繁复都会使得服装整体变得臃肿厚重，完全失去面料结构再造的意义，形成负面审美效应。

图5-52 二宫启2018春夏女装

图5-53 Moncler 1 Pierpaolo Piccioli 2019秋冬女装

图5-54 二宫启2017秋冬女装

2. 服装面料结构的减法设计

（1）镂空：一种比较常见的面料再造手法，通过局部或者整体对面料裁剪镂空形成独特的艺术效果。镂空的形状、大小、位置以及疏密程度都影响着最终服装的呈现结果。如图5-55与图5-56所示的两件作品，就是利用镂空设计大胆地表现女性曲线，提升服装的高级感。

（2）撕裂与剪切：撕裂，这种设计手法在现在尤为流行，破洞裤、"补丁"服装都广受年轻人的喜爱。通过看似随意地将服装面料撕裂，面料纤维交错相连，增加了服装的时尚感与层次感（图5-57）。剪切，则是通过面料裁剪重组方式给予服装造型更多的可能，图5-58所示的作品就是通过将面料裁剪成等宽的长条，然后分段进行重组，裙摆直接保持分散的状态，增加了服装的动感与生机。

图5-55　王薇薇2019春夏高级成衣

图5-56　华伦天奴2015春夏女装

图5-57　Kotohayokozawa2019高级成衣

图5-58　拉尔夫＆罗索2018春夏女装

（3）磨损：指对面料打磨，让其呈现出轻微破损或者边缘毛化，这样可以打造出复古、朋克的服装风格。例如，图5-59中所示的牛仔裤，对其进行磨损后，边缘出现毛边，使得这条裤子更加时尚，更加具有设计感。

三、添加装饰性附着物设计

1. 立体花

（1）蕾丝叠层立体花：指使用多层蕾丝面料进行立体花造型，在基层的纱质面料上进行叠加缝制，整体服装造型通透神秘、浪漫优雅，在胸口、腰线、下摆等部

图5-59　安德里亚·克鲁斯（Andrea Crews）牛仔面料装饰性毛边

位使用重点叠加或者造型变换从而突出局部身体线条（图5-60）。以胸口或腰线为中心点，造型多样的立体花错落有致，和谐地平铺在整体裙装上（图5-61）。

（2）镂空剪纸立体花：指利用镂空剪纸等造型手法，使立体花更强调立体造型，更加栩栩如生。不同的是，这种手法不像蕾丝层叠花那样完全平铺在服装上，而是一部分贴合在服装面料上，其余部分则根据自身的立体造型垂落。夏帕瑞丽的这款立体蝴蝶就是一个典型代表，蝴蝶的中心线部分缝缀在服装上，翅膀则顺着自己的空间造型垂落在空中，配色以黑灰色为主，其中夹杂着几只鲜红的蝴蝶，翩翩起舞，唯美浪漫（图5-62）。

图5-60 克里斯汀·迪奥2018秋冬高级定制系列

图5-61 夏帕瑞丽（Schiaparelli）2018秋冬高级定制系列

图5-62 夏帕瑞丽2018秋冬高级定制系列1

（3）彩色立体花：是造型手法最为丰富的一种，可以使用多种色彩进行立体花造型设计，并可在其上添加亮钻、彩线等个性色彩，使得立体花本身具有极强的艺术色彩。如图5-63所示的夏帕瑞丽的蝴蝶造型立体花，在绣上彩色的亮钻后，整体造型丰富、精美；图5-64所示的伊娃·明格2018秋冬

图5-63 夏帕瑞丽2018秋冬高级定制系列2

图5-64 伊娃·明格2018秋冬高级定制系列

高级定制系列中的单色亮片礼服耀眼夺目。将极具造型感的立体花绣在薄纱上，质感对比十分强烈。此种造型手法通常运用于局部，可以突出局部特色，避免整体繁复的装饰，起到画龙点睛的作用。

图5-65　克里斯汀·迪奥2018秋冬高级定制女装

图5-66　祖海·慕拉2018秋冬高级定制女装

图5-67　Ashi Studio 2018秋冬高级定制系列的棉线绣花礼服

2. 刺绣

（1）彩线组合刺绣：指利用多种彩线进行刺绣的手法，突出服装细节，很考验色彩的运用手段及图案的设计。此款克里斯汀·迪奥2018秋冬高级定制女装利用金色和黑色以及蓝色勾勒出几何形的花朵，在大片的黑色中点缀部分金线与蓝色细节，使得服装整体跳出沉闷单一的色彩氛围，在庄重中透着一丝灵动。运用黑线与金线勾勒出胸部线条，在下摆处则运用金线绣出多条放射性线条，从而增加了服装的垂坠感（图5-65）。

（2）金线绣花：指更强调金色绣线作用的刺绣手法。这种手法会直接使用金线来完成某个局部图案的整体绣制，使得整体服装散发出金线所具有的复古宫廷质感。例如，祖海·慕拉（Zuhair Murad）2018秋冬高级定制女装的金线绣花，金色的叶子、红色的花朵穿梭其中，金线本身具有的光泽在灯光下更加强烈，使服装具有了生命力（图5-66）。

（3）棉线绣花：指使用色彩低调的棉线的刺绣方法，因线体本身没有光泽，使得立体花造型内敛含蓄。例如，Ashi Studio 2018秋冬高级定制系列的棉线绣花，巴洛克式的繁复花型，搭配工艺精湛的刺绣手法才能成就这件作品，在颜色运用上十分低调，使用了大面积的米白色，然而其整体所具有的华美风格让人深受震撼（图5-67）。再如克里斯托弗·何塞（Christophe Josse）2018秋冬高级定制系列的棉线绣花是格纹型，大面积的白色中含有黄色的短线装饰，整体形象比较活泼（图5-68）。

3. 钉珠

（1）钻饰：

①波点式小颗粒钻饰镶嵌在轻薄的裙摆上，随着迈出的步伐熠熠生辉，就像满天星星那样梦幻华丽。无论是在局部集中使用钻饰还是在裙摆上大面积铺散小颗粒的钻饰，都能增加服装的少女感与质感，使得服装整体形象更加活泼（图5-69~图5-71）。

图5-68 克里斯托弗·何塞2018秋冬高级定制系列

②相比于小颗粒钻饰的单独使用，大颗粒嵌钻与小颗粒嵌钻组合成花朵的式样则更加华丽高贵，服装造型非常独特耀眼。这种钻饰的使用方式往往会给人造成强烈的视觉冲击，由钻饰组成的花朵样式被点缀在胸部、腰线等重点部位，能够迅速吸引观赏者的注意力（图5-72~图5-74）。

③金银色的宫廷式植物花卉、皇冠、窗户钉珠花样繁复，精致高贵，将其点缀在裙装上，整体服装则会具有浓浓的复古宫廷气息（图5-75~图5-77）。

④齐亚德·纳卡德（Ziad Nakad）的华丽碎钻的放射状分布与天鹅绒的面料组合，整体服装形象非常高贵，如同白雪公主的水晶高跟鞋散落人间，异常夺目。碎钻能与服装完美地结合在一起，让人以为是面料本身散发出来的光泽，赋予面料更大的可能（图5-78~图5-80）。

图5-69 乔治·阿玛尼（Giorgio Armani）2018秋冬高级定制波点钻饰

图5-70 詹巴迪斯塔·瓦利2018秋冬高级定制女装

图5-71 拉尔夫&罗索2018秋冬高级定制女装

图5-72 伊娃·明格2018秋冬高级定制女装

图5-73 乔治斯·荷拜卡2018秋冬高级定制女装1

图5-74 克里斯托弗·何塞2018秋冬高级定制女装

图5-75 乔治斯·荷拜卡2018秋冬高级定制女装2

图5-76 托尼·沃德（Tony Ward Couture）2018秋冬高级定制女装

图5-77 祖海·慕拉2018秋冬高级定制系列

图5-78 齐亚德·纳卡德2018秋冬高级定制女装

图5-79 乔治斯·荷拜卡2018秋冬高级定制女装3

图5-80 艾莉·萨博2018秋冬高级定制系列1

　　⑤花朵、玫瑰、螃蟹、天鹅等趣味图案的彩色钻饰让高级定制服装更具生活气息。彩色钻饰带给服装设计更多的创意空间，设计师可以将美丽的图案用彩钻镶拼在服装上，使服装更加精致多样（图5-81~图5-83）。

图5-81　嘉丽·兰赫（Galia Lahav）2018秋冬高级定制女装　　图5-82　乔治斯·荷拜卡2018秋冬高级定制女装4　　图5-83　乔治斯·荷拜卡2018秋冬高级定制女装5

（2）亮片：

　　①彩色亮片：将彩色亮片运用在服装上可以改变服装的基调，可以是成簇分布，也可以是自由散装分布，不同的运用手法可以形成不同的服装风格。例如，以少量图案式点缀部分冷色系亮片在局部，会使服装更加高贵优雅，而大面积采用暖色系亮片则会增加服装的时尚感和少女感，使整体服装基调大为不同（图5-84）。

图5-84　嘉丽·兰赫2018秋冬高级定制系列

②细腻感亮片：采用细腻感亮片来装饰，图案可以是叶脉纹样、小花朵纹样、涟漪水纹等，整体气质比较温婉，色彩上也更加柔和优雅，礼服的重量也会比较轻盈，穿着更加舒适（图5-85~图5-87）。

图5-85　艾莉·萨博2018秋冬高级定制系列2　　图5-86　艾莉·萨博2018秋冬高级定制系列3　　图5-87　拉尔夫＆罗索2018秋冬高级定制系列

（3）珠绣：

①管珠：使用管珠可以设计出华丽的宫廷式的花样、簇状的花朵、星空感的管珠组合花型，同时可以结合多样的排布方式组成美丽耀眼的花型。整体服装造型古典优雅，却又不失灵动（图5-88~图5-90）。

图5-88　安东尼奥·格里马迪（Antonio Grimaldi）2018秋冬系列　　图5-89　乔治斯·荷拜卡2018秋冬高级定制系列6　　图5-90　Ashi Studio 2018秋冬高级定制系列1

②串珠：精致的串珠结合繁复的纹样，形成复古宫廷式礼服，再加上细腻的手工，最后形成的效果让人惊叹（图5-91~图5-93）。

③珍珠绣：通过将大小不同的彩色珍珠点缀在礼服上，使服装更加优雅动人。此种绣法多采用整体散布式绣法，从而提升面料的质感。珍珠本身就是一种很高级的材料，将其点缀在服装上，如果搭配得当，可以得到超出预期的效果（图5-94~图5-96）。

图5-91　Ashi Studio 2018秋冬高级定制系列2　　图5-92　乔治斯·荷拜卡2018秋冬高级定制系列7　　图5-93　安东尼奥·格里马迪2018秋冬系列

图5-94　乔治·阿玛尼2018秋冬高级定制系列　　图5-95　艾莉·萨博2018秋冬高级定制系列4　　图5-96　艾莉·萨博2018秋冬高级定制系列5

四、多元组合设计

1. 加法多元组合设计

加法多元组合设计在实践中有多种多样的展现方式，常见的包括面料的绗缝、面料的堆积层叠拼接、在基本面料上添加附加装饰物等。设计者在创作过程中将多种加法设计方式运用在同一件作品上，使之呈现出多样的风格。

图5-97所示的这套服装就是面料再造加法设计的完美应用，其中包括了面料的拼接、填充、绗缝以及印染（内搭）等多种方式的工艺。面料填充手法使得服装廓型更加丰满，同时通过绗缝在填充后的面料上压成菱形块状元素，面料质感更加高级。除此之外，领口、袖口、口袋还使用了正红色尼龙面料拼接，突出了局部结构，增强了服装的层次感。

图5-98所示的裙装使用了面料的拼接、珠绣以及附加亮片的造型手法。先采用四种面料依次在裙子的正面进行拼接，色彩设计更加丰富，同时上面的图案元素使服装也更具有活力。之后在局部使用珠绣并附加亮片，为裙子添加了看点，用细腻感的亮片来装饰，沿着拼接面料块的边缘添加，勾勒出了服装轮廓与人体曲线，使得整体气质较为温婉，色彩上也更加柔和优雅。

图5-99所示的这件作品则同时使用了扎染、堆积、褶裥的面料创意设计手法。服装整体面料采用了扎染手法，以蓝色颜料对白色面料进行扎染后，将其裁剪成较小的布块，然后用这种不规则面料的堆积形成褶裥，增强服装的层次感，整体服装色彩虽然只有白色和蓝色，但因为扎染使得颜色在服装面料上呈现出深浅程度不一的效果，看似随意而又极具艺术气息。同时，由于堆积而形成的褶裥，整齐、和谐地分布在服装表面，使服装的艺术性更加突出。

图5-97　普拉巴·高隆（Prabal Gurung）2019秋冬女装

图5-98　桑德拉·曼苏尔2019春夏女装

图5-99　香奈儿2018春夏高级成衣

2. 减法多元组合设计

减法多元组合设计在面料创意实践中也有着多种多样的展现方式，常见的包括剪切撕裂、磨洗褪色、镂空等多种工艺形式。相较于面料的加法设计，减法设计在某种层面上更考验设计者对于各种手法的综合运用能力。

图5-100所示的这件服装同时采用了剪切、磨损以及酸洗技术进行艺术创造。在双肩处采用了面料的剪切，露出肩部线条，同时在下摆处进行不规则剪裁使服装整体更加具有个性。在袖口与下摆处都使用了磨损毛边的手法，整体形象更加丰富。此外，服装整体还进行了酸洗，所以在各细节处呈现出深浅不一的色彩效果，极富艺术性。

图5-100 SJYP.Kr 2018春夏牛仔装

图5-101所示的这套服装采用剪切撕裂、镂空以及磨损等手法进行了综合的艺术创造。上身的背心设计完美地露出肩部线条，同时进行了不规则剪裁，镂空的设计使整体服装更具特点。下身牛仔裤使用了剪切撕裂和磨损的手法，不仅让单调的牛仔有了特殊的韵味，同时也增添了几分帅气与率真。从整体造型上来看，这是一套极具个性元素的作品。

3. 加法与减法多元组合设计

图5-102所示的这件作品结合拼接、磨损以及线缝手法进行创意多元化面料再造。让人印象深刻的是各种大小不一、形状各异的面料块随意地拼接在整件服装上，仔细看去，每个面料块大小都不相同，设计师通过合理的位置布局及形状裁剪，使得它们和谐地铺展在服装的表面。另外，在服装下摆的边缘和拼接面料块边缘都采用了磨损手法，形成不规则的毛边垂坠在面料边缘。

图5-101 加恩·克罗纳（Jean Colonna）2017春夏服装

图5-103所示的这件作品使用酸洗和亮片对服装进行了艺术创造，整体给人一种复古摩登的感觉。大面积的亮片设计给作品增添了几分活泼少女的气息，使之呈现复古但又不呆板的造型效果。另外，酸洗过后的牛仔面料不再是单调的纯色，而是呈现出深浅不一的晕染效

图5-102 渡边淳弥（Junya Watanabe）2019春夏成衣

图5-103　Acne Studios 2018秋冬服装

图5-104　Carltonyaito 2018设计作品

果，像傍晚的晚霞一般美丽。

　　图5-104所示的这件作品结合了磨损、线缝以及铆钉的创意设计。最先映入眼帘的是铆钉设计，铆钉本就是机车风与摇滚风的代表元素，它给整件衣服增加了时尚潮流的美感。另外，线缝和磨损设计分别在最能吸引人目光的肩部和胸前，完美地凸显出肩部线条轮廓，这样的设计给人眼前一亮的感觉。同时，将磨损和线缝的艺术手法运用在牛仔面料上是更为合适不过的了，从整体上看这是一件极具时尚感设计的艺术作品。

　　将面料的加法设计与减法设计同时融入同一件作品中非常考验设计师对于各种创意设计手法的综合运用能力，从而呈现出一加一大于二的艺术效果。

第六章

国内外服装面料
创意设计经典作品案例分析

国外经典作品案例分析 ——————————

一、亚历山大·麦昆

亚历山大·麦昆作为时尚界的著名品牌，之所以在人们心中留下强烈的印象，与其创始人亚历山大·麦昆鲜明的个人设计风格密不可分。麦昆被视为"时尚设计界的鬼才"，是由于其理想主义的设计手法以及超脱设计本身的灵感来源。他用一流的剪裁技法将天马行空的设计灵感转变为一件件真实的作品。

图6-1所示的这件作品是面料创意设计中的加法设计在服装整体上的运用，设计整体采用了相同的面料，结合褶皱元素的重复使用，并在裙子下摆处大面积使用层叠堆砌的手法，使整个作品突破单调的配色设计，显现出和谐统一的高级美感。仔细看去，整体面料都使用了小面积的褶皱处理，使原本单一暗沉的色调具有了层次感，而这些细小的褶皱也像一个个的细胞包裹着模特的躯体线条，灵动地彰显着服装的生命。

不同于传统面料的选择，图6-2所示的这件长裙由红黑色鸟毛和红色玻片制成。由于鸟毛本身的轻薄飘逸，使得服装由内而外散发出柔和、高贵的气息。同时搭配大胆的色彩设计，象征着生命的红色血液，打造出了强烈的视觉冲击力。作品剪裁完美，从颈线、肩线、腰线再到下摆，暗示着血液流动的方向，感觉是将人体皮下的血液展现在空气中，真实而又神秘。可以想象，当模特身着这件作品优雅地行走时，羽毛随着空气的流动而微微颤动，下摆大面积的羽毛随着步伐以相同的频率回转起伏，这种效果是普通面料难以实现的。由此可见，面料设计对于服装作品呈现效果的影响是不可估量的。

图6-1　亚历山大·麦昆2006秋冬女装　　　　　图6-2　亚历山大·麦昆2001春夏女装

图6-3所示的女装同样是整体选用黑色鸭毛，通过独特的造型设计使服装细节更加突出。鸭毛短小且硬实，附着在造型基础上，让人感到肃然、忧郁，象征着死亡的黑色包裹着躯体，甚至超越了躯体，只有面部以及双手露出，借此表现出生命的无限可能。向光点的黑色鸭毛反射出微小的光泽，而背光点的鸭毛则比背景还要黯淡，延伸到黑暗的尽头。因此，这件作品用黑色鸭毛来表现死亡与生命堪称一绝，虽然只用了黑色，但却超越了色彩本身，使其与模特以及环境结合，具象了对生命和死亡的理解。

2011年，该品牌由萨拉·伯顿（Sarah Burton）接任，品牌设计风格也出现了明显的个人风格转变。

从图6-4所示中可以明显看出萨拉的设计风格偏向成衣化和商品化，设计上多处运用了不同面料的拼接，同时相较于麦昆的天马行空与鬼马不羁，现在的设计更偏向服装的"真实性"，就像萨拉在采访中提到的"时尚现在变化得很快，我也知道很

图6-3　亚历山大·麦昆2009秋冬女装　　　　　图6-4　亚历山大·麦昆2020秋冬女装

多人不喜欢很快就被淘汰的时尚。不过我自己有一件维多利亚风格的夹克，已经十多年了，还是很好穿，我觉得这样经得起时间考验的服装和设计是很重要的"。经过多年的磨炼，萨拉对自己的设计也有自己的坚持，坚持经典元素，追求"永恒"的时尚。

二、三宅一生

三宅一生的设计作品摆脱了西方传统的造型特点，不再强调女性胸部或臀部的曲线，而是基于人体本身的线条进行创造，给予身体呼吸的空间。他将面料掰开、揉碎、再组合，充分运用面料的创意设计实现了完全异于传统的服装造型设计。

说到三宅一生就不得不提起他的"一生褶"，这种面料再造手法已然成为三宅一生品牌的重要标志。褶皱系列的不同之处在于，这些褶皱是完全经设计产生的（图6-5）。制作这种织物时，需先将面料裁剪和缝纫成型，再夹入纸层之中，压紧并热熨，褶皱就形成了，并且会一直保持着。细微密集的褶皱布满整件服装，沿着身体的生长方向缓缓蔓延开来，虽然不能突出身体曲线，但却可以通过身体本身的自然曲线成就服装的造型。由于面料的特殊性，使得服装整体没有紧紧贴合穿着者的肌肤，给人以自由、平静之感。同时，这种褶皱配合独特的剪裁技法使得服装造型更具魅力。

由于三宅一生独特的成长环境，所以在他的设计中将东方传统面料与西方时尚造型完美地结合在一起，两者相辅相成，呈现出让世界震惊的设计效果，并且形成了品牌标识与品牌文化。

三宅一生的作品还有另外一个重要理念，那就是"一片布"（A Piece of Cloth）。这是三宅一生设计理念的根本，源于20世纪70年代那块名为"Piece of Cloth"的插入袖子的棉纱亚麻布。他希望使用一片布通过面料创意设计以及造型设计实现整体服装效果，回归简单自然的设计风格。这件作品正是使用了一块棉麻布料进行缠绕、剪裁、拼接等，并在袖边、颈部、下摆等局部采用重叠手法进行面料加强，使整体服装具有层次感。想要在同色系、同种面料的设计中突出服装特色并不容易，但是通过面料的创意设计也可以完美地实现这种效果（图6-6）。

从其设计中不难看出，三宅一生一直将"褶皱"作为品牌特色进行推广。新任设计总监近藤悟史（Satoshi Kondo）在2020秋冬秀场中重新演绎了三宅一生先生设计的"一片布"设计理念，重点在于使用一根线制作一整件作品，实现零面料叠加，展现出单一、自由的品牌特色。另外，致敬三宅一生1999春夏对"一片布"设计理念的展示中，他请不同肤色、不同种族、不同年龄的人通过缠绕的方式身着"一件衣服"，通过作品的连接使所有人形成连接队列，赋予其超越服装本身的历史与社会意义（图6-7、图6-8）。

图6-5　三宅一生"我爱褶皱"系列　　　　图6-6　三宅一生"一片布"系列

图6-7　三宅一生1999春夏秀场（图片来源：Vogue Runway）　　　图6-8　三宅一生2020秋冬秀场1（图片来源：Vogue Runway）

在2020秋冬系列中，"褶皱"作为品牌的核心设计理念穿插于整个系列的设计之中，由折纸折叠为基本元素设计出来的作品，选用环保面料，传达品牌形象。同时，面料的褶皱元素，使其并没有紧绷于身体表面所造成的束缚感，反而在完美修饰身体线条的同时，还具有了三维立体空间感，使其可以根据穿着者的动作进行改变，呈现出丰富的立体形态（图6-9）。

可以说，三宅一生是在坚持以人为本设计理念的同时，采用最贴近使用的设计需求，回归舒适与自然。

图6-9　三宅一生2020秋冬秀场2（图片来源：Vogue Runway）

三、维维安·韦斯特伍德

提起维维安·韦斯特伍德，你会想到什么？"朋克之母"？"时尚女巫"？"叛逆"？估计这类词会有很多。因为她的设计是具有划时代意义的。在20世纪70年代，嬉皮士审美还在美国流行的时候，维维安·韦斯特伍德已经在伦敦国王路开了自己的第一家充满朋克风格的时装店。令人震惊的是，具有如此设计天赋的她，竟没有接受过任何专业的设计培训，一切都是因为她喜欢。在设计中，她喜欢将衣服撕扯、划边、磨破、增加附着装饰物点缀，造型上强调胸部和臀部曲线，并且还故意撕破衣服来塑造性感的形象。

图6-10所示的这件作品采用了维维安的典型手法，她将服装面料撕扯，露出颈线，再配以浮夸的印染图案，使得服装具有强烈的艺术感。通过对服装面料的艺术再造，维维安不仅表达了自己的时尚理念，还宣扬着女性的社会价值。

"Destory"系列也是维维安的代表作之一，基本上所有的设计都是根据设计师的创意进行了不同程度的面料再造。通过对局部的剪裁以及添加装饰性的珠串和铆钉等，让服装呈现出独特的艺术效果。她善于运用夸张的剪裁手法来凸显身体的局部线条。图6-11所示的模特服装在腹部及肩部都进行了剪裁，突出腰部及肩部线条，同时在胸部添加了大量的附着性珠串进行装饰，天马行空的图案以及别具一格的位置排列使得服装整体跳脱出单一的黑色面料，具有了非凡的艺术价值。图中右侧的服装则是使用了皮革面料进行再加工，皮革本身就是一种具有自身造型的面料，比较硬挺，在自然光下会具有淡淡的光泽，是一种很适合进行服装造型设计的面料。选用此种面料，再加上大胆的剪裁手法以及局部铆钉的灵活运用，使得面料个性更加张扬。在领口、下摆、肩等局部都运用了线性铆钉装饰，突出局部线条，而在胸部、腹部则使用了大量图案性的铆钉装饰，使得服装更具有整体性，协调中彰显出个性色彩。

近年，维维安·韦斯特伍德在品牌风格中延续着自己的朋克精神，将叛逆、前卫、戏剧性的艺术元素融入作品

图6-10　维维安·韦斯特伍德"Destory"系列

图6-11　维维安·韦斯特伍德1971年"尽情摇滚"店铺

之中，赋予摇滚精神具象的艺术形态，通过撕裂、拉链、金属挂链等元素，表达着自己对时尚的理解，也一直影响着时尚圈。目前该品牌由维维安·韦斯特伍德的丈夫兼设计合伙人安德烈亚斯·科隆撒尔（Andreas Kronthaler）亲自操刀，2020春夏系列是他为品牌设计的第八个系列，主题名为"Rock Me Amadeus"，该系列灵感源为"云"，采用轻盈的面料进行创意设计叠加从而达到想要的艺术效果，将塑造的面料立体形态萦绕于肌肤之上，打造出自由轻盈、无拘无束的穿着体验。

　　说到"云"首先想到的就是轻薄绵密，图6-12所示的作品运用纯白色半透明面料勾勒整体曲线，仿佛云朵环绕在人体上，配饰伞上运用了撕裂这一面料再造减法设计，再结合大量的拼接、绳结缠绕捆绑手法，形成具有设计感的交错肌理，展现出叛逆且独特的品牌设计风格。整体设计在视觉中心部位使用纯白色基础面料进行造型，同时在手臂、胸部、裙摆等局部使用蕾丝进行面料叠加，让整体服装在优雅中透着些许性感。下摆面料的立体造型是根据面料物理特性结合再造加法设计，使下摆横向延伸，展现出面料立体造型的无限可能。

　　图6-13所示的作品以丝绸质感面料为基础，在前襟处大面积叠加拼接渔网面料，不仅增加了服装的层次感，还提升了服装的时尚度。服装整体色彩主要由粉、黑、红组成，粉色条纹图案通过光感丝绸面料呈现出柔和优雅的质感，渔网面料则凸显了个性叛逆的气质。粗犷的渔网镂空面料与打底的丝绸光感面料在质感上形成鲜明对比。同时，在渔网面料上下两端拼接大量的流苏，流苏可以随着不同的动作呈现出不同的动态效果，在多维度上呈现出多种面料组合的美。

　　图6-14所示的这件作品也很好地呼应了这一季的主题，虽然没有选用轻薄面料的质地，但利用了丝绸质地的面料，通过面料的多种创意设计组合，从视觉上减轻

图6-12　维维安·韦斯特伍德2020
春夏系列1

图6-13　维维安·韦斯特伍德2020
春夏系列2

图6-14　维维安·韦斯特伍德2020
春夏系列3

了面料的重量感。帽子、披肩、裙摆处都是采用同质地面料进行叠加，既强调了造型的立体感，又展现出轻盈的视觉体验。

四、马丁·马吉拉（Martin Margiela）

马丁·马吉拉毕业于安特卫普皇家艺术学院，其作品极具激进、矛盾且革命性的风格。1984年，马丁·马吉拉遇到了他的伯乐——法国时尚界的"顽童"让-保罗·高缇耶，并担任其设计助理。1997年到2003年，马丁·马吉拉赢得了爱马仕品牌的认可，成为了爱马仕品牌的艺术总监。

当然，这样一位才华横溢的设计师也同样拥有自己的自主品牌。1988年，马丁·马吉拉与比利时商人珍妮·米伦斯一道创立了品牌Maison Martin Margiela（后更名为Maison Margiela），并通过1989春夏系列发布会高调亮相。马丁·马吉拉构想出了反时尚崇拜的四点缝线全白标签，后来也成了其品牌的标志。

在品牌设计中，马丁·马吉拉所独有的极端主义和带有挑衅色彩的手法震撼了整个时尚界。这里不得不提到一个词"解构"，这个词源自法国当代解构主义大师雅克·德里达在20世纪中期提出的"破坏已经被构筑的事物"理论。马丁·马吉拉通过对衣服本身结构的破坏，对功能的破坏，对已有价值观的破坏，将过去存在的种种逐一进行拆解并重新定义，用出乎意料的新秩序再重新构筑。他的作品源于生活点滴的打破与重组，在图6-15中，马丁·马吉拉用旧电线串连，将废弃的餐具拼接成可穿着的马甲。在2001春夏系列中，他将旧手套重新拼接成一件上衣，整件服装运用单一的手套元素进行重组，拼接工艺增加了层次感与肌理感，协调中彰显着个性色彩（图6-16）。已经存在的事物被拆解，每部分的功能被重新定义且重组，这种设计手法为日常用品创造了新的价值。

当然，最知名的项目还是梅森·马丁·马吉拉1991秋冬系列，他运用8双在杂货店购买的军用棉袜，通过解构拆分手法把它们变成了一件套头衫。马丁·马吉拉将每次设计都当成一场时尚实验，将生活中的物品"变废为宝"，给予其第二次生命（图6-17）。

马丁·马吉拉并不吝啬于将自己的创意思路展示给大众。在 *A MAGAZINE CURATED By* 杂志中，马吉拉亲自制作的专题"ONE TO MAKE AT HOME"将其如何用8双白袜制作成最具代表性的袜子毛衣的思路向大众一一呈现（图6-18）。

马丁·马吉拉痴迷于拆解与重构，他的1997春夏系列向大众介绍了一件标志性

图6-15　马丁·马吉拉1989秋冬系列

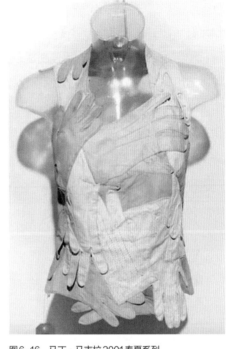

图6-16　马丁·马吉拉2001春夏系列

图6-17　梅森·马丁·马吉拉1991秋冬系列

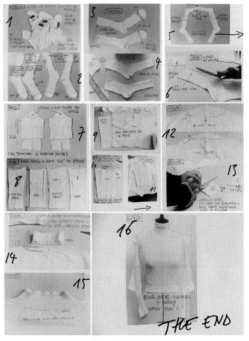

图6-18　*A MAGAZINE CURATED By*杂志内专题："ONE TO MAKE AT HOME"

的作品。整件衣服看上去像是穿在人台上的抹胸上衣，服装通过拼接的形式，将两种面料、两种色彩、两种质感，甚至可以说是两个类别（人台与纱制抹胸）进行组合，趣味性十足。在由亚麻布制成的类似于人台结构的上衣上面印有数字和字母，胸部的黑色薄纱褶皱被固定在亚麻上衣上，有种"设计未完成，制作进行中"的错觉（图6-19）。1997秋冬秀场依然沿用了这一创意，且更明确提到了服装结构的材料和工艺，用图案纸制成的单臂、不对称的服装，明显的缝制痕迹，看起来像是用针别在一起的半成品（图6-20）。

2009春夏秀场是梅森·马丁·马吉拉20周年纪念系列，也是马丁·马吉拉在自己品牌的最后一场秀。这一季秀场中的"影印系列"被人们所惊叹。在图6-21中，这是一件印制在真丝面料上的"复印件"，丝绸面料本身给人优雅感，加入印染工艺，形成了视觉上的错乱效果。色彩上选用银色，再加上光泽度的加持，整体服装形象未来感十足。在图6-22中，这是一件用假发做成的金色外套。金色的假发通过堆叠的形式呈现出空间分布的均衡感和美感。单一的元素有规律地重复出现，可以加强共同性，让服装整体更富层次感、节奏感、韵律美。在2009春夏秀场中，模特依然采用低调的特色，使用面纱遮住五官，模糊一切明显特征。在最后一场秀中，

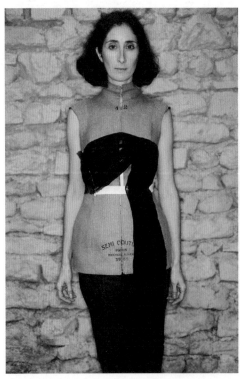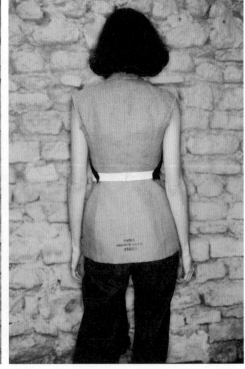

图6-19　梅森·马丁·马吉拉1997春夏系列

图6-20 梅森·马丁·马吉拉1997秋冬系列

图6-21 梅森·马丁·马吉拉2009春夏系列1

图6-22 梅森·马丁·马吉拉2009春夏系列2

马丁·马吉拉依然贯彻自己的设计理念，平等、环保、无性别在他的作品中得到了展示，解构主义、立体剪裁、不对称拼接依然彰显着其独特的设计风格。

国内经典作品案例分析 ——————————————

一、张肇达（Mark Cheung）

说起国内的服装设计时间轴，就不得不提及著名设计师张肇达，在20世纪，他带着中国设计敲开了世界时尚界的大门。他的作品中充斥着文化的碰撞以及对时尚的理解，这与其丰富的旅行经历密不可分。他对不同文化和民族的传承有着自己独特的理解，并能将其以自己的手法展现在服装设计之中。他极其擅长将中国元素与时尚相结合，喜欢在服装上运用江河、花草等自然元素和民族元素图样，加上对面料的二次创意设计，在体现出优雅的中国风的同时又充满了舒适、自由的品牌特色。

图6-23所示为张肇达新中式2018成衣秀"M13系列"，从这两件作品中可以看出鲜明的"张肇达色彩"。图中左款采用大面积同种面料的方式，同时在手肘处进行面料剪切镂空处理，领口采用改良版的传统立领设计，色彩上大面积采用白色，同时在领口及门襟边缘使用"青花瓷蓝"进行装饰。另外，服装唯一的图样在作品的右肩与颈部的连接线上，中国元素图案起到了画龙点睛的作用。整体设计不强调身体曲线，注重服装的舒适自由，具有强烈的呼吸感。

在图6-23右款中同样采用同色系面料加上民族图样的设计手法，在裤脚处进行了面料剪裁，使得服装形态更加飘逸、灵动。在上衣左襟叠加了自然元素图样面料，使整体服装更加出彩，跳脱出单一的服装色彩。

图6-24的4件作品来自张肇达新中式2020女装发布会"M13系列"，这一季作品在原有设计的基础上大量采用了民族图样进行面料叠加。图6-24所示的第一件服装在门襟、领口和口袋处叠加了很多具有民族色彩的图样，品牌特色和设计风格更加突出。整体设计沿用了一贯的宽松舒适的特点，采用宽松的廓型和单一的基础面料，叠加宽大的衣领并配以多样的民族元素纹样。这样的面料运用可以说是以简胜繁。

图6-24所示的第二件服装设计则同时采用了抽褶、立体剪裁、面料叠加等多种

图6-23　张肇达新中式2018成衣秀"M13系列"

面料设计手法。同样，在前襟处运用了多种民族元素纹样，不同的是，此款采用了大面积的抽褶改变了服装的立体形态。在一侧袖口边缘处还叠加了深底色的民族图样，与下装色彩相呼应。下装则是以深色为底色，在其上配以白底图样，与上衣形成鲜明对比的同时又互相呼应。

　　相较于前面两件使用白色和深色作为底色的服装，图6-24的后两件服装则直接运用民族色彩强烈的青绿色、灰绿色以及深灰色等作为基础色调，以达到强烈的视觉冲击效果。图6-24所示的第三件内搭连衣裙大面积采用单一色彩平铺，同时在前襟叠加白底、蓝色纹样，外衣则采用灰绿色底色平铺，加以与内搭同色系纹样叠加，这种面料叠加呼应使得服装更具有整体性。另外，外衣在腰部还使用了一条宽褶皱来破坏服装的对称性，从而打破设计的平衡感，以增加视觉冲击力。

　　图6-24所示的第四件服装则直接运用了色彩更为强烈的深灰色和迷彩元素等，相比于民族元素在浅底色面料上的运用，这种叠加方式给人的第一视觉印象更加强烈。整体服装多个局部叠加了几何形状的民族元素图样，使作品整体的设计感和立体感更加突出。

　　总的来说，张肇达的设计主要是追求舒适自由，但同时又透着优雅与叛逆。他

图6-24　张肇达新中式2020女装发布会"M13系列"

善于将不同的中式元素运用于自己的作品中，同时相较于繁复的设计，他更倾向于和谐自由的风格。在时尚的潮流更新中，正是因为他始终秉承着对服装的独特理解和对设计的坚持，才使得其作品可以具有优雅却又足以触动人心的力量。

二、郭培（Guo Pei）

玫瑰坊（Rose Studio）服装公司董事长兼首席设计师郭培，同样也是在20世纪出现的优秀服装设计师，她为中国高级时装定制的发展做出了重要贡献。她善于在服装上运用华丽的元素以及繁复的纹样来体现定制服装的高级感与独特感。就像她说的："我希望我的高级时装成为馆藏级的精品，殿堂级的珍宝，成为传世杰作。因为真正的高级时装能够历久弥新，经得起考验。多少年后，她的存在就是时光的回眸。"郭培的设计用料考究，装饰华丽，确实都是值得珍藏的作品。

中国风设计是郭培作品中的一大亮点，刺绣工艺尤其出众，无论是大气恢宏的龙凤刺绣，还是边缘细节的花样处理，都令人为之惊叹。例如图6-25所示的这件作品，使用了正红

图6-25　郭培2012高级定制系列"龙的故事"1

色和金色搭配。如何使这件作品不走向艳俗也是极其考验设计师设计能力的。外衣采用了大面积的金色纹绣，透出服装华丽高贵的气质。裙摆大胆地采用全面平铺同色系面料以强调廓型，同时在裙摆处叠加了金色纹样，使得服装形象更加大气。不可否认，面料的加法设计可以在很大程度上增加服装的庄重感和华丽感。

2012年，郭培发布了以神话为设计灵感的大型时装系列"龙的故事"，讲述象征权威与财富的龙征服自然的传说（图6-26）。郭培在这件作品上体现了她对刺绣工艺的灵活运用，整体设计以珠绣为主，附加立体花、钉钻、组合绣等多种面料创意设计手法，在双肩处使用珠绣和立体花塑造出硬挺、立体的造型，同时添加同色系垂坠感珠串，使得整体服装更具动感美，超越了传统意义上龙所代表的阳刚之意，重新定义了女强人（Dragon Lady）。从叠加立体花手法的大面积使用中可以看出，相比于在局部点上的应用，设计师更注重面料创意设计在面上的应用。整体作品色彩运用大胆且统一，明亮的色彩和面料上附加的钉珠与立体花的色彩相呼应，同时这些钉珠又带给面料闪耀的视觉体验，这两者的作用是相辅相成且缺一不可的。

图6-26 郭培2012高级定制系列"龙的故事"2

　　图6-27所示的作品来自2010春夏高级时装发布会"一千零二夜"，灵感来自国外民间故事集《一千零一夜》。正如郭培所说的："《一千零一夜》的故事，从谎言到疑惑，再到终于能够相信爱情的忠贞和勇气——开始得很惶惑，结束得却很沉着。正如设计的过程，每一次灵感的迸发与碰撞都是精彩的，同时也是危险的。只有依靠对美好事物的不变追求，才能化险为夷，成就一场全新的完美发布——这就是一千零二夜。"这一季作品的灵感来自童话故事，所以也就注定了这一季作品将充斥着不同地区的民族风情以及荒诞的设计灵感。在这个系列里，郭培拓展了她的工艺技法，使用施华洛世奇水晶、精致的金属饰品、奢华的皮草来表现经典高级时装的独特气质。发布会从阿拉丁之舞、大黑小黑到皇后系列，每件服装都有着自己的故事、自己的特点。

图6-27　郭培2010春夏高级时装发布会"一千零二夜"1

　　说到这场秀就不得不说美国名模卡门·戴尔·奥利菲斯（Carmen Dell' Orefice）身着的一套礼服。这套礼服的亮点在于宽大延长的袖摆和超长的下摆。在裙摆处，设计师大面积叠加了形状大小各异的珠绣，并在颈部曲线和腰部曲线处利用水晶和珠绣塑造出身体曲线，下摆则大面积使用立体造型，一层一层地叠加，增加了服装的优雅感与庄重感，反衬出秀场"皇后"的主题。袖摆则是大面积采用黄丝绒绣花，严谨的色彩运用则使这件作品透出浓浓的宫廷风，另外，还在袖摆边缘拼接了毛皮，这更向设计师所追求的宫廷华丽感迈进了一步（图6-28）。

图6-28　郭培2010春夏高级时装发布会"一千零二夜"2

　　不难看出，郭培的作品体量都是非常大的，因为她善于大面积运用叠加、面料拼接等方法进行面料创意设计，从而达到她所理解的"高级定制"的概念，这也是别人很难达到的一点，就是在繁复的装饰与夸张的色彩运用的基础上，还能准确传达服装的设计灵感和内在含义。

三、盖娅传说（Heaven Gaia）

　　相比于前面介绍的其他品牌来讲，盖娅传说是一个比较新的品牌，是中国知名设计师熊英于2013年创立的服饰品牌。她善于运用苏绣、缂丝、盘结、羽绘、花丝镶嵌、潮绣等艺术手法，并以其对中国风的独特理解，仅用两年时间就让这个新兴品牌登上了巴黎时装周，2016~2019年四次在巴黎时装周登场，发布新作品，这种发展速度让世界惊叹。品牌发展至今已经具有了多条产品线：原创"IP"、商务礼服、生活度假、商务工装、跨界文创等，同时也扩大了品牌的知名度，在各大网络平台均受到不同年龄段消费者的喜爱和好评。

　　盖娅传说2017春夏高级成衣系列名为"啟·圆明园"，整个系列以圆明园为灵感，在设计上运用圆明园的元素，整场发布会"以倒序的方式从圆明园的'当下''追忆''重现'三个层面解读东方美学文化"。

　　图6-29所示的系列成衣是盖娅传说携手京城顶级瓷器大师片儿白打造的融合瓷片元素的设计。仔细看每一件作品，都将中国风的青花瓷元素融入了面料设计之中，

第一件作品对于这种艺术的运用最为突出，上身部分大面积叠加排列规则的瓷片元素，增加了服装的厚重感和中国风气息，下摆则层叠使用薄纱面料，使得服装更加飘逸、灵动。

图6-29 盖娅传说2017春夏系列"啟·圆明园"1

图6-30所示系列则是使用了"中国红"色彩并结合对面料的二次创意设计呈现出独特的中国风特色。例如，第一件作品使用红色和白色作为基础色调，同时从腰部开始采用了面料色彩衔接，使得服装整体统一协调。在领口部位叠加使用了盘金绣，增加了服装的民族气息，这种细节元素的运用也是该品牌的一大亮点。

图6-30　盖娅传说2017春夏系列"启·圆明园"2

盖娅传说在巴黎成功举办了"合·戏韵·梦浮生"2020春夏系列发布会。作为"启、承、转、合"创意主题系列的收官之作，这是盖娅传说第四度在巴黎时装周官方日程进行品牌发布。本次发布会将中国戏曲艺术带上了国际舞台，呈现给世界。

图6-31所示的这几件作品都在不同程度上运用了苏绣、缂丝、盘结、羽绘、花丝镶嵌、潮绣等艺术手法，并局部或大面积地运用在面料上，提升了作品的质感。

图6-32所示的系列灵感则是源于"孔雀东南飞"，运用了多重苏绣工艺，还叠加了珠绣、盘金、勾金等装饰，同时结合非遗传承工艺"点翠"的色调，表现出孔雀

图6-31 盖娅传说2020春夏系列"合·戏韵·梦浮生"1

图6-32

图6-32　盖娅传说2020春夏系列
"合·戏韵·梦浮生" 2

的神秘与妩媚。整个系列大面积使用黑色面料，并在基础面料上根据设计廓型叠加珠绣、盘金，利用这种面料创意手法勾勒出女性身体曲线，强调细节且画龙点睛。

从这些系列中，我们可以看出盖娅传说品牌对于服装设计已经超脱了单纯设计手法的运用，达到了利用服装呈现来表达设计灵魂与历史情怀的层次。从"启·圆明园"系列到"承·四大美人"系列，再到"转·一眼千年"，最后到"合·戏韵·梦浮生"，该品牌擅长将各种各样的中国风元素运用在服装面料设计上，同时整体设计风格简约干净却又不失亮点，这是其他同类型品牌很难达到的一点。

第七章

服装面料
创意设计实训

服装面料创意设计主题实训 ——————————

一、"唐·未央"主题设计作品

1. 主题诠释与说明

主题名为"唐·未央",正如主题名所提到的,设计者需要以唐代元素为中心展开设计,"未央"二字既表达了盛唐文化在时间上的长久延续,也暗含了盛唐文化丰富多样、耐人寻味的特点。唐代作为中国封建历史的鼎盛发展时期,在文学、史学、教育、艺术等方面的发展取得了重大进步,渐成体系,并且在国风开放的背景下逐渐走向世界。在这种开放的大环境下应运而生的文化产物也可谓数不胜数,如我们最为熟悉的唐诗,在这个民风开化、人才辈出的时代,李白、杜甫、韩愈等闻名后世的诗人,创造出了令人称赞的文学作品。再如唐代的瓷器业发展极为迅速,色彩和样式也大大增多,从基本的生活用品变为提高审美趣味的文化产物,"唐三彩"就是其中的一个典型代表。在服饰方面,当时政治安稳,百姓们安居乐业,这些元素都体现在服饰的变化上,唐代服饰大多色彩丰富、细腻精美,同时加上当时丝绸之路带来的外域文化的融合,使得当时的服装业迅速发展,逐渐走向艺术化道路。

正如上面的介绍,本主题给予设计者宽泛的设计思路,设计者可以对唐代文化元素进行合理的艺术抽象,再结合对现代时尚的理解,围绕主题进行服装造型设计。设计者不应拘泥于固有的文化产物,而是以其为灵感基础进行思维发散,以古为鉴、以今为实，创造出体现唐代文化的现代设计作品。在这个设计主题下，如何将唐代的传统元素与现代的时尚文化，甚至与未来的流行趋势结合在一起就显得尤为重要了。

2. 学生服装面料创意设计作品

（1）《行者》系列女装设计作品：

设计说明：《行者》系列服装设计想要表达的是"行者无疆"。本系列设计围绕《唐·未央》的主题，是以唐文化元素为创意背景展开进行调研设计的。唐代作为当时世界上最为强盛的国家之一，通过丝绸之路与亚欧国家往来贸易，声誉远播。而《行者》则是从唐代丝绸之路的文化背景切入，重点展现古代行者们勇于探索、直面艰难的精神（图7-1）。

图7-1《行者》系列设计灵感展板

《行者》系列设计作品的设计风格具有运动感与未来感，通过对古代行者精神的理解，与现代年轻一代的人们喜欢挑战、不妥协的精神相关联。在服装上运用大面积的口袋、图案、飘带等元素来展现年轻人个性、创新、勇往直前、无所畏惧的精神（图7-2）。

《行者》系列服装主要运用拼接、不对称等手法进行创意设计，运用不同质感的面料进行拼接，以及色彩上的互补色撞色拼接设计，强对比的设计使衣服更具层次感、美感及多元化。部分款式细节与外部廓型采用不对称的设计从而表现出个性、

图7-2 《行者》系列设计效果图

时尚、艺术、现代的张扬之美。细节装饰运用到独特的口袋设计中，使服装更具立体效果，既增加了视觉层次，也增加了系列服装的户外运动感。另外，细节部分还采用了明线缝制及机绣来突出服装主题。除此之外，夸张的兜帽设计，使得户外机能感更加强烈（图7-3）。

（2）《自然》(Natutal) 系列女装设计作品：

《自然》系列女装设计作品，在唐文化的背景下，以唐代仕女图为灵感来源展开调研并完成设计创作。唐代兴盛时期"以丰腴为美"的审美风尚开始盛行，人们追求丰满圆润的身形体态，此系列就是对丰满圆润的体态进行探究，将唐代审美文化与当代审美思想进行融合，并结合当代丰满女性身材的困扰，进行一系列女装设计，表达女性独特的魅力，展现女性的自信，也展示了设计者对盛唐文化的学习和探索（图7-4、图7-5）。

《自然》系列主题的作品形象以丰腴女性为代表。丰腴的女性体态是偏圆润的，而要打破这种原有圆润的概念，可以选取体积感强、质感轻柔的面料与挺括感强的面料相结合运用于服装上。廓型以大廓型为主，其中增添细节感的设计。图案以丰盈女性的形象为原型，在此基础上进行图案的绘制，并通过刺绣的形式表现。整体服装的感觉是体积感强且质感轻柔。

《自然》系列的色彩选取以黑色和驼色为主色调。黑色作为整个系列服装的主色调，驼色则代表脂肪的颜色，驼色由多到少进行递减，黑色由少到多进行递增。整

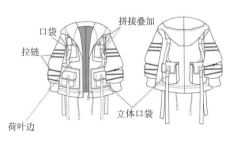

图7-3 《行者》系列成衣与创意设计细节展示

图7-4 《自然》系列设计效果图1　　　图7-5 《自然》系列设计效果图2

个系列服装给人呈现的感觉是脂肪在逐渐消失，同时也象征着丰腴女性逐渐自信美丽。

　　款式上，《自然》系列整体给人的感觉是神秘、个性的。整套服装廓型偏大，给人感觉干练自信。外套做了一个长款的设计，可以整体拉长人体的比例。外套采用羽绒材料，运用绗缝、充绒的设计工艺，将外套整体的挺括感表现出来。帽子通过拉链的连接，可以拆卸，加强了服装的实用性。口袋是一个立体口袋的设计，口袋外部和不同质感的背带进行结合，面料丰富、质感加强。本系列服装还运用了刺绣工艺来刻画人物形象。衬衫采用的是打褶面料，可以很好地修饰丰盈的身材，又提升了服装的质感。裙子用的是丝绵材质，质感轻盈，搭配黑色面料又显稳重。裙子整身运用绗棉和绗缝工艺，腰部采用抽绳工艺与气眼相结合，可以通过松紧带来调节腰部的大小。另外，本系列设计还采用了胶章设计，在帽子和前胸部分有胶章图案，系列感增强（图7-6）。

图7-6 《自然》系列设计成衣展示

（3）优秀服装创意设计作品欣赏：

作品一：

《相由心生》系列服装的设计灵感源于唐代兴盛的木偶艺术，是将傀儡戏的造型、雕刻、绘画等艺术表现形式作为灵感来源，深入挖掘木偶艺术的特点并将其融合于服装之中，表达出傀儡戏"以物象人"的特点，让这一中国传统民俗艺术在本次毕业服装设计中焕发出新的生机与活力。

《相由心生》系列作品款式主要采用不对称的造型，整体造型宽松舒适，通过填充与绗缝增强服装的廓型感。设计师提取木偶脸谱进行图案设计，通过手绘来展现，采用不同面料的堆砌拼接来展现脸谱的造型特色，丰富其肌理质感，将木偶戏中生动传神、夸张怪诞的风格特点用手工制作的方式融合在服装中。本系列服装采用不同纹理、不同色彩的绒面进行制作，面料通过拼接体现复古的造型，丰富的面料对比使服装更具层次感，用超长的流苏装饰衣服的下摆，为服装注入飘逸灵动感，线性材料与绒面材料对比，展现出丰富的肌理与细节，其飘逸灵动的动态视觉效果使服装更加活泼有趣（图7-7）。

图7-7　《相由心生》系列设计成衣展示

作品二：

《长安尘雾》系列设计站在灵感来源电影《妖猫传》的角度，展示出"破坏美学"这一美学概念。设计主要以剧中"杨玉环"这一角色为立足点以及灵感中心，为她由集万千宠爱于一身到最终落得柳啼花怨的一生而感到悲哀，主要想表现的元素便是"荣华富贵"及"支离破碎"。运用"破坏美学"的元素，将发生在杨玉环身上的两种不同时间场景进行重叠，"荣华"与"破碎"进行碰撞，将概念的碰撞一步步转化为实物。

本系列设计在款式方面，由唐代服饰的"长"与面料的堆积感带来灵感，表达出初期杨玉环受到的宠爱以及荣华富贵。"破坏美学"运用于面料创意设计中的具体形式为撕扯、破坏等。面料采用同种色彩的纱、皮质以及蕾丝进行拼接，既保持了一定的整体性，又在质感上增加视觉的层次感与丰富性。在皮质面料的基础上进行"破坏"及再造，表现出破碎、凄惨的意境。"破坏""不规则边缘""撕扯"等表达方式强调了设计主题。服装正面做了收腰结构，形成褶皱纹理，整体呈A字型，内搭主要是用"破坏"的手法进行大面积面料再造，裙摆采用面料堆砌的方式以及不规则边缘的裁剪。服装的背面在面料堆叠和不规则边缘的基础上，对面料进行"撕扯"作为装饰，表现出服装的"破坏美感"（图7-8）。

图7-8 《长安尘雾》系列设计成衣展示

作品三：

《线神》系列服装设计的主要灵感源于唐代画家吴道子绘制的白描长卷《八十七神仙卷》。《八十七神仙卷》是著名的国宝级文物之一，其笔触生机勃勃、自由奔放，通过线与线之间的联系赋予绘画生命。画面线条云水流淌，节奏感十足，代表了唐代白描的最高境界。

《线神》系列设计的色彩源于蓝釉唐三彩马，是盛行于唐代的一种低温釉陶器。从唐三彩中提取出蓝色与黄色，结合现代流行色趋势，从蓝色与黄色具体到雾霾蓝与姜黄色。本套服装廓型为 H 型，服装分为三件衣服，上衣造型是叠穿的形式，采用面料拼接手法，是由棉麻面料与纯棉面料拼接而成的衬衫，和采用前后不对称设计的大衣进行叠搭设计，使设计更加丰富且有层次，在大衣袖口处运用面料拼接手法并在拼接处使用毛线进行钩编处理，色彩上也采用了拼接设计，雾霾蓝与姜黄色对比强烈，形成强烈的视觉冲击。上衣的不对称设计，使服装更具有设计感、不拘一格。上衣前片运用面料创意设计以及热转印工艺使主题元素在上衣左侧呈现，突出设计主题。裤子采用两层重叠设计，并在裤腿左侧叠层处进行抽褶处理，在层次感的基础上增添立体感。而在裤腿右侧则采用面料拼接手法使蓝色的压褶面料与天丝面料进行拼接，两侧裤腿层次丰富且具有立体感（图7-9）。

图7-9　《线神》系列设计成衣展示

二、"盛·华章"主题设计作品

1. 主题诠释与说明

唐代被普遍认为是中国艺术和文化的黄金时代，在世界范围内享有盛名，通过丝绸之路及佛教等文化传播，将其文化元素在亚洲地区传播开来。"盛·华章"主题，通过"盛"字可以知道，作品应强调盛唐时期的文化特征，体现盛世面貌，共谱时代乐章。其旨在通过对盛唐时期文明进行艺术创作，体现盛唐时期社会安定、人民生活富足的真实历史状态。设计作品要紧扣盛唐时期的文化背景，围绕盛唐时期的文化产物，将其作为初始灵感来源进行深度思考调研，创造出具有历史时代意义的现代服装设计作品。

"盛·华章"设计主题要求以盛唐文化为背景，对当时的服饰特点进行研究，围绕传统，联系现代，将传统与现代进行艺术结合，创造出符合现代审美的艺术设计的同时还具有丰富的历史溯源。设计者应将历史文化与专业手法相结合，根据灵感来源进行调研发散，创造出具有独特设计风格的主题作品。

2. 学生服装面料创意设计作品

（1）《愁眉啼妆》系列女装设计作品：

设计说明：《愁眉啼妆》系列服装的设计灵感主要源于唐朝时期的仕女形象，根据唐代最为流行的"红妆"妆容，通过对有关唐代的画作和唐三彩上查找有关仕女的形象，整理和归纳唐代仕女的妆容形象作为灵感来源进行设计（图7-10）。

图案方面，本系列服装运用点、线、面结合，绘制出符合现代的插画图案。运用速写的手法以一条连贯的线条勾勒外轮廓，绘制时线条疏密结合，使整个画面不会显得单调、轻薄。然后，另起一线条绘制五官，仕女面靥用点的方式呈现，胭脂用面的方式呈现（图7-11）。这样点、线、面的结合可以使图案更加生动有趣，进而通过机绣、毛线缠绕和数码印花等方法表现图案，并呈现于现代服装设计之中。

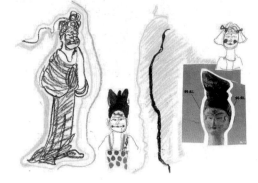

图7-10 《愁眉啼妆》系列设计效果图　　　　　图7-11 《愁眉啼妆》系列图案设计

本系列服装的色彩提取结合了2019~2020年的流行趋势，选取橘红色为整个服装系列的主要颜色，并用黑色加以辅助，白色为二者颜色的中和色，无论是从色调搭配还是服装搭配上都起到了良好的过渡作用。另外，再加入红色和白色的波点元素作为色彩之间的拼接，运用到服装上既能打破单调感，又不破坏服装的整体感觉。

款式设计上，本系列服装的廓型较为宽松，裤子也以宽松的阔腿裤为主，面料上以红色面料为主，大面积选用轻薄、防水的羽绒服面料，裤子选用厚麻纱面料，裙子运用卡丹皇面料，厚实且便于刺绣，面料既富有垂感又不缺乏挺括感。通过运用面料创意手法拼接、抽褶、填充等为我们呈现出款式廓型以及细节设计的层次感与丰富性（图7-12）。

（2）优秀服装创意设计作品欣赏：

作品一：

*Lab.Tang*系列设计是以中国道教的炼丹术为灵感来源。炼丹术是一种追求"长

图7-12 《愁眉啼妆》系列设计成衣展示

生不老"的炼丹活动，其实也可以理解为中国最早的化学实验，充满未知色彩与美好憧憬。本系列设计中将围绕炼丹文化，辅以中西方古代实验的感觉，再结合2020年流行趋势进行了设计。

从炼丹术士宽衣大袖的汉服中得到启迪，用开放融合的唐代精神结合西方实验室感觉的蒸汽朋克风格，并融合2020年流行元素，用现代的思维和东西方碰撞的思路对 *Lab.Tang* 系列进行设计，希望本系列设计可以带领观者进入玄幻的"唐代科技实验室"。在本系列设计中主要采用的面料创意设计为"减法"的镂空和"加法"的填充、叠加、堆砌、褶皱（图7-13）。

图7-13所示左图的服装廓型主要源于唐代圆领袍衫和蹀躞带，领型在圆领袍的基础上加入了本在腰间的蹀躞带，形成了西式斗篷的效果，上衣肩膀处飘带随着走动充满动感。袖型模仿汉服的垂胡袖，垂胡袖因袖型如同黄牛喉下垂着的那块肉皱而得名，通俗理解就是袖长远超穿着者的臂长，所以袖子多出的面料会堆积在手上，形成自然的褶皱。而在此套服装设计中保留了袖长的特点，但在袖口处增加了护腕设计用以收缩固定袖口，意图为用来模仿炼丹术士工作时方便行动的生活场景再现，也刚好符合本系列松紧对比的服装节奏。

图7-13所示右图的服装运用T型廓型，上衣袖型模仿汉族人民在劳动时大袖不便

图7-13 *Lab.Tang*系列设计成衣展示

活动而采取的"缚袖",所产生的袖子衣料向上堆砌形成仿佛宽肩泡泡袖的感觉,使上装部分造型夸张。在腰间增加腰带,使服装带有朋克风格的贴身紧致感,不至于太过宽松无法展示身体曲线之美。下装裤子节奏上如同上衣,依然采用宽松与紧致的对比,从上到下依次是收紧的腰间、大腿处宽松的肥裤腿、膝盖膝关节收紧的皮扣装饰、右腿喇叭状下摆宽松的前开衩、左腿收紧的皮带绑腿。腿部采用不对称的设计手法,进一步增加服装的节奏感。全身廓型上大下小,左右对称又不完全相同。

作品二:

《豆蜡》系列设计的主要灵感源于豆村大蜡,玄奘法师取经归来途经摩揭陀国带回了蜡烛工艺品,豆村大蜡技艺由此开始盛行,它是蜡雕、剪纸、拼贴、蜡染、美术的结合,又是将民俗宗教与民间传统工艺美术蜡雕融为一体的造型艺术。本系列作品将大蜡的传统手工艺和大蜡制作材料的元素与现代流行文化相结合,围绕豆村大蜡的多种制作形式进行服装的面料创意设计,以红色为主色,系列中不乏绳线和红纱,展现出民间生活的传统和工艺世界,表达出最传统的也是最流行的理念。本系列服装选用的面料创意设计为"加法"的编织、堆积、填充、拼接等手法(图7-14)。

图7-14所示左图的服装廓型为T型，上衣采用半圆式的斗篷西装，裤型选用当下流行的阔腿裤，正面中间剪开，拼接白色百褶面料，与上身半圆式西装形成对比。图7-14所示右图的服装选用可拆卸灯笼袖的短小上衣，夸张的领型与服装款式形成对比，与腰部抽褶短裤组合，增加宽大袖衬，与服装碰撞出与众不同的火花。

图7-14 《豆蜡》系列设计成衣展示

作品三：

《大医精诚》系列服装的设计灵感来自唐代医学文化中"药王"孙思邈先生的行医之道，也是做人之道。该主题表现了有关医德的两个问题：第一是精，即要求医者要有精湛的医术；第二是诚，即要求医者要有高尚的品德修养。

《大医精诚》系列服装设计的色彩运用了黑白灰经典颜色。清爽的色彩搭配强调不同材质的组合，增加视觉上的层次感，低调而精致。服装面料上，设计师选择了绞花针织面料、毛料、特殊针织肌理面料。由于针织面料特殊的延展性、脱散性、卷边性能，巧妙地进行面料创意设计构思，并加入破坏性面料设计。破坏性的针织长袖与破洞阔腿裤的组合，细节上运用撕扯、拼接、编结的创意手法，使整体设计丰富且更具时尚感（图7-15）。

图7-15 《大医精诚》系列设计成衣展示

三、"始·记"主题设计作品

1. 主题诠释与说明

主题《始·记》一语双关，一方面与西汉史学家司马迁撰写的《史记》发音近似，表达的主题要求是以汉代文明元素为背景；另一方面暗示了丝绸之路始于汉代，强调了汉代服饰与文化的多元性。除了历史意义，只看字面的意思，其实也可以有所解读，"始"即开始、始发，"记"即记忆、记录，代表此主题要围绕汉朝文化，对其进行艺术的发现和创造。作品应以历史为起点、以文化为媒介进行服装设计。

汉代张骞出使西域，开辟出"丝绸之路"，将中国的丝绸带到罗马帝国进行销售，同时将那边的文化产物带回中国，促进文化交融。正是由于这个朝代具有的开放性和兼容性，使汉代文化得到迅速发展的同时也具有了区别以往的时代特性。在进行设计时，应围绕这些特点，结合自己的设计思路进行再创造。

该主题作品应围绕汉代文化背景，将汉代文化元素与现代时尚趋势相结合，将传统文化与现代文明进行交融，从灵感来源进行调研发散，创作出具有汉代时代特征的服装设计作品。

2. 学生服装面料创意设计作品

《迷途》系列女装设计作品:

设计说明:《迷途》系列服装设计通过对汉代开始的丝绸之路对异域文化的探索引申到现代人类对未知的宇宙太空的探索之后,从灵感设定、服装廓型、款式细节、面辅料的选用与色彩搭配等设计角度,寻找丝绸之路与探索太空的重合点,充分发挥出具有未来感的创意表达方式,呼吁当下年轻人不要在匆匆行走中迷失自己,要不断学习,学会探索,活出真我(图7-16)。

迷途

灵感来源:
本系列服装「迷途」灵感源自
从迷雾中重生的释放,
旨在提醒当下年轻人不要在匆匆行走中
迷失了自己,
学会探索,活出真我,
服装主要通过将亚光薄纱与反光面料结合,
从而增添一种雾面感,贴合主题。

图7-16 《迷途》系列设计灵感展板

《迷途》系列服装通过大廓型来表现太空中物体的膨胀体积感,从细节上的设计表现出迷途中的未知与探索。采集太空表面肌理图片,根据其表面的迷雾及岩石元素提取以灰色为主的色彩方案,表现出一种高级的朦胧感和未来感(图7-17)。

《迷途》系列服装以太空迷雾为灵感来源,所选用的面料主要为带有太空感的灰色系面料,拼接以竖向罗纹及斜纹为主要纹理的白色薄针织面料。同时,加入一些如地球表面般带有凹凸不平颗粒感的黑色针织麻花面料及针织颗粒肌理的面料,使

图7-17 《迷途》系列设计效果图

服装层次更加丰富。最后，加入少量折线轧花空气层。以上面料相互拼接，穿插搭配组合完成整个系列的服装。系列服装采用大量填充加绗缝的面料创意设计，同时还采用了褶皱、手绘、气眼穿绳等工艺，为整体服装增添时尚感，并呼应主题（图7-18）。

3. 优秀服装创意设计作品欣赏

作品一：

《徘徊》系列服装的设计灵感以张骞出使西域时的心路历程为创意背景展开想象设计，从而联想到流浪者。流浪者往往都是处于未知的途中，推动着事物的发展。根据流浪者心路历程得到的灵感，联想到珍珠、荷叶边、网格元素等。

本系列服装以黑白基本色为主色调来表现，姜黄色和绿色的运用，更能营造一种神秘的气氛。白色的点缀增加了服装的层次感，也提高了服装的视觉效果。为了增加服装的层次感和丰富感，设计师选用了不同面料，有梭织面料、复合面料、真丝面料和一些新型面料，之后在面料上进行创意设计，包括堆砌、褶皱、拼接、钉珠、编结等手法，使服装细节处变得更有看点。通过层次堆积、欧根纱、珍珠等装饰为黑白主色调的服装添色（图7-19）。

图7-18 《迷途》系列设计成衣展示

图7-19 《徘徊》系列设计成衣展示

作品二：

《日新月异》系列服装的设计灵感源于汉代地图结构布局分割与现代发展的设计延伸，将地图纹样用作现代设计之中呈现出新时代服装，工艺运用手工贴布和手工剪裁复合工艺来展现面料的再次创新。

本系列服装是以地图为纹样的休闲男装设计来呈现的，在廓型上，衣服整体在成衣的基础上加大了廓型，宽松休闲且具有时尚性，打破了常规男装西服的束缚感。在面料上采用的是非服用材料杜邦纸，它是具有独特的褶皱纹理效果和环保耐用特性的新型面料，系列服装通过网格面料与用于褶皱肌理感的杜邦纸面料进行拼贴，既表达了城市地图，又模拟出江河湖海。服装面料创意设计采用拼接、压褶手法来丰富细节。色彩上提取流行色，选择绛红色为主色调，搭配常用色白色，从而增加服装的层次感。整个系列设计摒弃传统复杂的廓型，运用简洁干练的大廓型突出新时代服装的简约而不简单的生活方式（图7-20）。

图7-20《日新月异》系列设计成衣展示

服装面料创意设计技法实训 —————————————

　　图7-21所示的服装整体感觉非常柔和，原因是色彩上低纯度、高明度的提取，以及面料选择具有柔和光泽效果的丝缎面料，从而达到了统一协调的视觉效果。

　　面料创意手法主要运用了大面积的亮片绣，产生的不规则光感与面料形成辉映，同时服装整体运用了填充技法，使丝缎面料不再单薄，填充的体量感随着模特的动态形成自然褶皱，又由于面料特殊的光感，使阴影与亮面对比强烈，形成了强烈的虚实感，丰富了色彩的层次，增添了服装的华丽感。

　　图7-22所示的服装色彩较为丰富，层次感强，主要运用手绘来实现服装图案的展示，图案在服装局部起到点缀、突出主题的效果，且局部之间相互呼应，突出了系列感。另外，服装还运用了拼接的手法加以辅助，产生了丰富的色彩效果。

　　图7-23所示的服装从整体效果来看，设计师运用的主要技法是破坏、撕扯。下装的裤腿部分运用大面积的破坏撕扯，增添了趣味效果，丰富了服装的视觉观赏点。辅助技法则运用扎染技法，实现了面料的二次着色，改变了面料的视觉效果。同时

图7-21　学生作品1

图7-22　学生作品2

图7-23　学生作品3

运用面料拼接来丰富色彩层次。飘带从外套背后的开口处穿出与前半部分的日字扣相连接，内搭下摆做了长短不一的设计，裤子廓型为直筒裤，夸张的开口等现代服装流行元素为服装增添了灵动感与时尚感。

图7-24所示的这件作品最有趣的在于图案的实现方式运用了数码印花、扁蜡线刺绣、TPU复合面料贴布以及手绘。图案是先运用数码印花将纹样实现在服装面料中，又以印花基础纹样为轮廓，将特殊透明的TPU面料拼贴到面料上，然后在拼贴好的TPU上采用扁蜡线刺绣，最终实现图案。另外，服装还运用了面料拼接手法来实现结构上的突破设计。

图7-25所示的这件作品采用的面料创意手法为大量的褶皱。服装图案采用印花来实现，但因与服装整体色调一致，并没有非常抢眼。为使服装不单调，设计师对面料进行了扭转、折叠，形成褶皱，在增加面料肌理感的同时，达到了装饰效果。这件作品的褶皱形式出现在连衣帽、袖子、配饰包等处，形成了非常自然的立体效果，使服装更具观赏性。

图7-26所示的这件作品运用数码印花来实现大面积的图案，既丰富了色调，又实现了主题阐述的意义。为了改善数码印花较为局限的二维效果，图案除了运用印

图7-24　学生作品4

图7-25 学生作品5

图7-26 学生作品6

花技法外，还通过彩色线迹在图案上的二次拼贴，实现三维立体效果。同时，服装采用了面料拼接手法，将印花面料与纯色面料有机结合，从而丰富整体层次效果。

图7-27所示的这件作品没有采用图案设计，而是通过直接运用褶皱来实现丰富度。服装整体运用刀褶来实现面料结构的变化，同时通过面料多层次堆积形成叠加层次感，在层叠面料边缘运用与主色对比较大的白色珍珠进行珠绣，进而强调服装层次。

图7-28所示的这件作品运用的主要设计手法为通过缝迹线来实现结构的分割，在整体面料上进行视觉上的打散分区，将白色棉线按设计需要的形态绣在黑色皮革面料上，以线和面的构成形式勾画出独特的韵味。同时通过拼接服饰辅料拉链来增加美感，并产生装饰效果。

图7-29所示的这件作品主要运用数码印花进行面料二次着色，以丰富视觉效果。作品整体运用印花来实现色彩的填充，运用纯色面料拼接来丰富层次，为整体印花面料带来变化与活力。与此同时，作品通过填充来实现体量感，实现大廓型设计。设计在整体的把握上非常到位，不会因为大面积的印花而产生视觉疲劳，通过拼接丰富观感，从而达到最佳的设计效果。

图7-27　学生作品7

图7-28 学生作品8

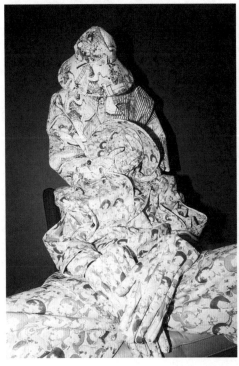

图7-29 学生作品9

参考文献

［1］梁惠娥, 等. 服装面料艺术再造 [M]. 北京：中国纺织出版社, 2008.

［2］约翰·恩格迪沃. 灵感大爆炸：创作性思维发掘训练 [M]. 曾薇, 祝远德, 译. 南宁：广西美术出版社, 2019.

［3］杰妮·阿黛尔. 时装设计元素：面料与设计 [M]. 朱方龙, 译. 北京：中国纺织出版社, 2010.

［4］陶音, 萧颖娴. 灵感作坊：服装创意设计的50次闪光 [M]. 杭州：中国美术学院出版社, 2007.